**Das
Universum
in einem
Staubkorn**

먼지

먼지
거실에서 우주까지, 먼지의 작은 역사

초판 1쇄 인쇄일 2024년 7월 15일   초판 1쇄 발행일 2024년 7월 22일

지은이 요제프 셰파흐 | 옮긴이 장혜경
펴낸이 박재환 | 편집 유은재 신기원 | 마케팅 박용민 | 관리 조영란
펴낸곳 에코리브르 | 주소 서울시 마포구 동교로15길 34 3층(04003) | 전화 702-2530 | 팩스 702-2532
이메일 ecolivres@hanmail.net | 블로그 http://blog.naver.com/ecolivres
출판등록 2001년 5월 7일 제201-10-2147호
종이 세종페이퍼 | 인쇄·제본 상지사 P&B

ISBN 978-89-6263-281-1 03400

책값은 뒤표지에 있습니다.   잘못된 책은 구입한 곳에서 바꿔드립니다.

먼
지

거실에서 우주까지, 먼지의 작은 역사

요제프 셰파흐 지음 | 장혜경 옮김

잉그리트에게 바칩니다.

차례

들어가는 글

실험을 한번 해보자. 방에 불을 끄고 블라인드나 커튼을 내려 창으로 한 줄기 빛만 들어오게 한다. 그리고 제멋대로 날뛰는 그 작디작은 수백만 댄서들의 춤을 감상해보자. 나는 그 멋진 춤을 보며 참으로 감탄했다. 지치지 않고 되돌아오는 천하무적 먼지의 춤을 보며 말이다.

"먼지를 붙잡을 수만 있어도. 나비처럼 붙들 수만 있어도⋯⋯." 작고한 독일 시인 한스 마그누스 엔첸스베르거(Hans Magnus Enzensberger)는 《먼지의 발라드(Ballade vom Staub)》에 이런 바람을 실었다. 그리고 그럴 수 없는 현실을 개탄했다. "아, 먼지는 너무나도 날쌔고, 너무나도 가볍게 떠다니는구나."

이 세상에는 얼마나 많은 먼지가 있을까? 4장을 읽으면서 당신이 어떤 기분일지 모르겠지만, 나는 그 어마어마한 양을 좀처럼 상상하기 힘들었다. 그 먼지가 기후에 미치는 수수께끼 같은 영향(10장)은 우주 입자를 우주 탐사선으로 추적하거나(16장) 지붕에서 먼지를 긁어대는(17장) 먼지 사냥꾼들을 만나자 더욱 궁금해졌다.

또 우리 몸의 화학 원소가 우주 먼지로 '구워졌다'는 사실은 더 많은 질문을 불러일으켰다. 왜 먼지는 그렇게나 작을까? 왜 우주는 이렇게나 클까? 아마 대답을 들으면 황당하기도 하겠지만 감탄사가 튀어나올지도 모르겠다.

한 장(章)을 마치고 새 장을 시작하기 전에 나는 각양각색의 질문에 대한 답을 찾아보았다. "먼지는 물질인가, 에너지인가?" 이런 철학적 질문이 있는가 하면 "외계인이 남기는 먼지는 다른가?" 같은 난해한 질문도 있고 "겨울에는 먼지가 왜 더 많을까?"라는 일상적인 질문도 있다.

이 책에서 당신은 우리 각자의 개인적 먼지구름과 미세먼지의 위험에 대해 새로운 정보를 얻을 것이다. 또 가장 소중한 자연의 먼지, 곧 꽃가루를 만날 테고, 먼지로 돈을 버는 사람들도 알게 될 것이다. 그런 먼지 전문가들이 없었다면 이 책은 탄생하지 못했을 것이다. 당신이 지금 손에 들고 있는 이 종이에는 그 전문가들이 만든, 눈에 보이지 않는 이형제(releasing agent, 離型劑) 먼지가 뿌려져 있을 테니 말이다. 이형제 먼지가 뭐지? 이 책은 간소시지 껍질에도, 자동차 유리창에도 있는 그 먼지에 대해 자세히 설명해준다.

그러니 당신이 이 책을 아주아주 재미나게 읽어준다면 참 좋겠다.

태초에 먼지가 있었다

우주에서 가장 중요한 그것의 몇십억 년 역사는 어디서부터 시작해야 할까? 영국 우주학자 프레드 호일(Fred Hoyle)의 조롱으로 그 역사의 문을 열어보자. 1929년 미국 천문학자 에드윈 파월 허블(Edwin Powell Hubble)은 하늘에선 모든 것이 흩어진다는 사실을 발견했다. 그의 동료들은 이를 바탕으로 언젠가 과거에는 모든 것이 한 점이었다는 논리적 결론을 내렸다. 그 점에서 만물이 생겨났다고 말이다. 호일은 그들의 주장을 조롱하며 폭죽에 빗대어 '빅뱅(대폭발)'이라는 말을 사용했다. 그러나 그 조롱 섞인 비유가 20세기 우주학을 결정하게 되리라고는 그도 미처 예상하지 못했다.

학자들은 약 138억 년 전에 일어난 그 현상을 '빅뱅'이라고 부른다. 원인은 여전히 수수께끼지만, 과정은 정확히 밝혀졌다. 우주학자들의 공식대로라면, 빅뱅이 일어나고 3분 후 우주의 구성 물질은 수소

75퍼센트, 헬륨 25퍼센트, 나머지는 경금속 리튬과 베릴륨이었다. 이러한 구성은 지금의 우주에서도 관찰되므로 빅뱅 이론이 옳다는 증거라고 볼 수 있겠다.

처음에는 먼지가 없었다. 원시 가스뿐이었다. 그 가스는 쉽게 점화되지 않았다. 그래서 서로 뭉쳐 무거운 덩어리가 되고 별이 될 수 있었다. 가스가 뭉치면 뜨거워지는데, 그 열기에 중력이 가해지기 때문이다. "100개 이상의 태양 덩어리가 모이자 그제야 중력이 충분히 커져서 핵을 강하게 짓누르고 핵융합이 시작되었다. 별이 탄생한 것이다." 텍사스 대학교의 볼커 브롬(Volker Bromm)과 그의 동료들은 이렇게 말한다. "우리가 시뮬레이션을 해보니 1세대의 별은 현재의 별과 근본적으로 달랐다. 우리의 태양보다 평균 질량이 몇백 배 더 많고, 밝기도 수백만 배 더 밝았다. 에너지가 풍부한 이 별들의 광선이 주변의 가스를 뚫고 지나가면서 가스를 가열시켰다. 이 거대한 별 하나가 주변으로 뿜어낼 수 있는 뜨거운 거품은 지름이 최대 1만 5000광년에 달했다. 참고로 우리 은하계의 지름은 10만 광년이다."

힘겨루기에서 처음엔 열기가 중력을 이겼다. 우리의 은하수 같은 2세대 은하계에 이르러서야 그 열기를 데려갈 수 있는 먼지가 생겼다. 이 먼지는 우리 몸에서도 발견할 수 있는 무거운 원소들로 구성되었다. 이러한 원소는 1세대 거대 가스 행성이 폭발하면서 생겨났는데, 그릴(grill) 점화기에 비유할 수 있다. 엄청나게 빨리, 격하게 타며 많은 에너지를 뿜어내지만 금방 사그라든다. 그러다 연료가 떨어지면 꺼진다. 그리고 어마어마한 폭발로 생을 마감한다. 이름하여 초신성(超新星)이다.

이 모든 이야기는 아주 오래전, 아주 먼 곳에서 벌어진 일처럼 들린다. 그러나 그 과정은 여전히 진행 중이다. 우리 은하계에서 한 은하밖에 떨어져 있지 않은 대마젤란 은하(Large Magellanic Cloud, LMC)에서 몇십 년 전 별 하나가 죽었다. 천문학자들은 칠레 북부 아타카마 사막에 있는 ALMA(Atacama Large Millimeter/submillimeter Array) 망원경의 64개 안테나로 그 거대 초신성이 폭발한 후 발생한 먼지구름을 분석했다. 그리고 마침내 자신들의 이론을 입증할 증거를 찾아냈다.

원소의 탄생

이 우주 폭발을 목격한 때는 1987년이다. 요하네스 케플러(Johannes Kepler)가 1604년에 그런 사건을 관측한 이후 맨눈으로 볼 수 있는 첫 초신성이었다. 천문학자들은 죽어가는 별을 향해 망원경을 조준했고, 초기의 섬광이 약해지며 구름 속에서 폭발의 충격파가 바깥을 향해 퍼져나가는 광경을 관찰했다. 그들은 이 구름이 천문학의 오랜 수수께끼를 풀어줄 해답이기를 바랐다. 정말로 초신성 폭발은 화학 원소로 이루어진 먼지를 만들어낼까? 우리 몸, 우리가 호흡하는 공기, 우리가 밟는 돌에 스며 있는 원소 대부분이 정말로 별의 내부에서 생겨났을까?

정말이었다. 천문학자들은 ALMA 망원경을 통해 그토록 고대하던 먼지를 발견했다. 유니버시티 칼리지 런던의 마츠우라 미카코(松浦美香子)는 기자 회견에서 이렇게 말했다. "실제로 초기 은하에는 먼지가 어마어마하고, 이 먼지는 은하의 성장에 중요한 역할을 한다. 초기 우주의 먼지 대부분이 초신성에서 탄생한다는 것은 우리도 이미 알고 있던 사실이다. 그런데 마침내 그 이론을 뒷받침하는 직접적 증거를 우리가 찾아낸 것이다."

그녀는 거대 별의 내부에서 수소와 헬륨이 융합해 탄소가 되고, 그렇게 최초의 먼지 알갱이가 탄생했다고 설명한다. 영국 킬(Keele) 대학교의 나이 에번스(Nye Evans)는 또 이렇게 말한다. "지름이 머리카락의 지름보다도 작은 미세한 입자였다. 정말로 작지만, 이 먼지 알갱이 각각에는 몇백만 개의 탄소 입자가 들어 있다." 빅뱅을 의심한 프레드 호일마저도 그 과정에는 감탄사를 연발했다. "더 높은 지성이 탄소 원자의 성질을 설계한 것이 분명하다. 그냥 자연의 맹목적 힘이 그랬다면 그런 원자를 찾아낼 기회는 극미했을 테니 말이다." 호일이 그토록 감탄한 이유는, 탄소가 만들어지려면 수소와 헬륨의 융합에다 생명이 짧은 원자 하나를 추가해야 하기 때문이다. 바로 베릴륨-8이다. 이 원소는 태어나자마자 곧바로 사라진다. 따라서 탄생에서 소멸까지 걸리는 그 몇 밀리초(millisecond)의 타이밍이 정확히 맞아떨어져야 한다. 수많은 악기의 공명이 극도로 미세한 부분까지 조화를 이루는 오케스트라와 같다. 물리학적으로 표현하면, 참여한 모든 원자핵의 에너지 수준이 정확히 탄소의 그것과 맞아야 한다. 탄소는—산소를 빼면—모든 유기체에서 가장 흔한 원소다. 탄소가 없다면 신진대사도 없다. 탄소가 없다면 당신도, 나도 여기에 없을 것이다. 미국의 4인조 밴드 '크로스비, 스틸스, 내시, 영(Crosby, Stills, Nash & Young)'이 부르는 〈우드스톡(Woodstock)〉에는 이런 가사가 있다. "우리는 별 먼지, 우리는 황금, 우리는 수백만 년 된 탄소다."

별의 내부에서 융합 반응이 일어날 때마다 탄소는 계속해서 주기율표의 윗자리로 밀려 올라갔다. 밀가루가 빵이 되듯 점점 더 무거운 원소가 만들어진 것이다. 마그네슘, 황, 나트륨, 규소, 백금, 금, 티타늄, 우라늄이 형성되었다. 핵자(核子), 즉 핵을 이루는 양성자와 중성자의 전체 개수가 최대치인 56에 도달할 때까지 그 과정은 오래도록 계속되었다. 핵 안에 든 양성자와 중성자가 안정 상태인 56개가 되면 원소는 융합을 멈춘다. 그 원소가 철이다.

철은 세상에서 가장 값싼 색깔인 붉은색을 만드는 물질이다. 붉은 황토, Fe_2O_3(산화제2철)은 보존제로는 최고여서, 가령 넓은 면적에 칠을 할 때 쓰인다. 그래서 미국 북부와 스칸디나비아에선 거의 모든 창고의 색깔이 붉은색이다. 스탠퍼드 대학교의 요나탄 정거(Yonatan Zunger)는 말한다. "이 색은 풍부하게 존재하므로 값이 싸다. 풍부한 이유는 원료인 철이 죽어가는 별에서 대량 생산되었기 때문이다."

'아이언 포인트(iron point)'에서 별 내부의 융합 반응이 그치면 별은 위축된다. 별이 진동하며 가스 껍질을 털어낸다. 이 마지막 지옥 불덩에 별은 수십억 개의 별을 합친 듯 환하게 만화경 같은 온갖 색깔을 뿜어낸다. 우주의 재활용 불꽃이다. 이제 별은 자신의 물질을 먼지 형태로 우주에 되돌려준다. 돌을 만드는 결정 물질인 규소 먼지, 대리석에 든 산화마그네슘 먼지, 지구에서 오염도에 따라 루비나 사파이어로 부르는 강옥(鋼玉), 즉 산화알루미늄 먼지다.

몇십억 년 전 초신성이 폭발한 후 섭씨 5만 도의 뜨거운 구름 안에서 그런 먼지가 우주로 달려 나갔다. 1제곱미터당 원자 1만 개로, 밀도는 극히 낮았다. 보통의 우주 대기도 밀도가 그보다 몇천조 배 더 높다. 그러나 구름의 크기가 상상을 초월하기 때문에 그 안에는 어마어마하게 많은 먼지 알갱이가 들어 있었다. 가장 큰 것은 담배 연기만큼이나 먼지가 많았다. 바로 그 작은 입자들이 어느 땐가 우리의 태양이 되고, 우리의 지구가 되었다.

태아별 행성과 골디락스

지구의 나이는 약 45억 1000만 년이지만, 젊은 태양 주변을 맴도는 원반 위 먼지 알갱이로 생을 시작한 것은 그보다 훨씬 이전이다. 어떻게 해서 그 먼지가 차츰차츰 뭉쳐 덩어리가 되었으며, 나아가 행성으로 자라났는지는 오래도록 수수께끼였다. 그 비밀을 푼 주인공은 무중력 상태에서 수행한 실험이었다. 학자들은 무인(無人) 메이저 8 로켓(Maser-8-Rocket)을 6분 동안 마이크로 중력 상태로 통과시켰다. 로켓에 승선한 승무원은 지름 0.5마이크로미터의 작은 이산화규소 알갱이들, 그러니까 초미세먼지였다. 학자들은 현미경 카메라로 이 알갱이들이 어떻게 서로 결합하며, 어떤 조직으로 자라나는지를 관찰했다. 학자들의 예상과 달리 중력은 별 영향을 주지 못했다. 지름이 킬로미터 범위에 도달하고서야 덩어리들이 중력에 이끌려 서로를 강하게 끌어당긴 다음 충돌했다. 〈과학의 스펙트럼(Spektrum der Wissenschaft)〉에 게재한 글에서 올라프 프리체(Olaf Fritsche)는 그 이유를 이렇게 설명한다. "마이크로미터 차원에서는 우연한 열 운동이 우세하다. 지구에서 작은 입자의 브라운 운동(Brownian motion: 액체나 기체 속에서 미소 입자들이 불규칙하게 운동하는 현상—옮긴이)이 일어나는 이유도 그것이다. 두 알갱이가 떨면서 충돌하면 때로 서로 약한 정전기 인력이 발생한다. 흔히 말하는 이 반데르발스 힘(van der Waals force: 물리화학에서, 공유 결합이나 이온의 전기적 상호 작용이 아닌 분자 간, 혹은 한 분자 내의 부분 간 인력이나 척력—옮긴이)은 먼지 알갱이 안에서 빠르게 바뀌는 우연한 전자의 불균형 분배 탓이다. 이웃끼리 분배 차이를 조율하면 두 입자는 완전히 달라붙는다." 거기에 다른 먼지 입자들이 추가되면서, 긴 사슬의 먼지 입자들을 매단 네트워크가 널리 가지를 뻗으며 자라난다. 그 속도가 어찌나 빠른지 먼지 덩어리는 금방 구슬 크기가 되고, 다시 골프공 크기로 자란 다음, 축구공 크기, 그리고 결국에는 집채만큼 커진다. 지름이 1킬로미터에 도달한 먼지 덩어리를 우리는 '미세 소행성(Planetesimal)'이라고 부른다.

수백만 년 동안 태양계 내부에서는 이런 '태아별 행성' 수백 개가 회전하고 있었다. 그 몇백만 년을 거치며 크기도 몇 킬로미터로 커졌다. 이 과정이 진척될수록 중력의 영향력이 커지고 충돌의 결과도 심각해졌다. 큰 별이 작은 별들을 잡아먹으면서 가장 큰 태아별 행성만 살아남았고, 그러다 결국에는 한 줌의 메가 행성만 남았다. 태양과 가장 가까운 곳에서는 4개의 바위 행성, 즉 수성·금성·화성·지구가 남았고, 바깥에서는 지금의 가스 행성, 즉 목성·토성·천왕성·해왕성이 남았다.

하지만 태양계에서 지구의 궤도만 유일하게 '주거 가능 지대'를 지나간다. 물이 끓지도 얼지도 않는, 생명이 살 수 있는 지대다. 이 지대를 '골디락스(Goldilocks)'라고 부른다. 영국 전래 동화《골디락스와 곰 세 마리》에서 숲속 오두막에 들어간 금발 소녀 골디락스가 죽 세 그릇을 발견하고는 그중에서 너무 뜨겁지도, 너무 차갑지도 않은 적당한 온도의 죽을 먹는다. 1년에 한 번 태양을 맴도는 우리 지구도 마찬가지다. 지구는 태양에 너무 가까이 다가가 금성처럼 뜨거워지지도 않고, 너무 멀어져 목성이나 토성처럼 심하게 추워지지도 않는다.

인간을 위해 만든 듯

이 모든 사실을 새삼 떠올리며 나 자신과 연관시켜볼 때마다 나는 놀라움을 금치 못한다. 나는, 당신은, 모든 인간은 태양이 있기에 살 수 있다. 태양은 가스와 먼지로 이루어진 거대한 소용돌이 구름에서 탄생했다. 태양은 에너지를 방출한다. 지구의 식물은 특별한 먼지—꽃가루 먼지—를 이용해 태양의 에너지로 양분을 만든다. 빛은 왜 있을까? 아마 우리가 모르는 어떤 재판관이 있어 태양은 물론이고 먼지 알갱이 하나하나에까지 적용되는 자연의 법칙을 만들었기 때문일 것이다.

마치 오래도록 고민한 것처럼 태양 내부의 압력 크기는 그 수소 융합 용광로의 작동이 멎지 않되 또 너무 빠르게 타지 않을 딱 그만큼이다. 융합될 때 배출하는 에너지는 바깥으로 압력을 행사한다. 이 압력이 내부로 향하는 중력 작용을 막아주므로 태양은 아주 간단한 방식으로 균형을 유지한다. 작품의 마무리는 바깥 가스층에서 작동하는 멋진 공장이 맡는다. 이것이 핵융합 때 나오는 치명적 감마파(gamma 波)를 생명 친화적 가시광선으로 만든다.

그리고 이제 가장 위대한 기적이 일어난다. 태양 에너지는 우주 먼지로 가득한 공간을 통과해 멀리 뻗어 나갈 수 있다. 우리가 자동차를 타고 그 공간을 가로지르면서 창밖으로 손을 내민다면 아마 새까매질 것이다. 태양의 빛은 그 정도로 많은 먼지를 통과해 1억 6000만 킬로미터를 달려간다. 지구는 태양으로부터 안전거리를 유지하지만, 태양 덕에 '먹고산다'. 태양의 배출량은 어마어마하다. 1초마다 약 100만 톤의 물질을 잃는다.

그렇기에 미국 물리학자 프리먼 다이슨(Freeman Dyson)마저도 과학자의 냉철함을 유지하기 힘든 것이다. "우리가 우주를 바라보며 얼마나 많은 물리학과 천문학의 우연이 우리의 행복을 위해 협력했는지 알고 나면, 어느 정도는 우주도 우리가 생겨나리라는 걸 알았을 거라는 생각이 든다."

우리는 대부분 지극히 평범한 물(H_2O)로 이루어진 존재다. 독일 천문학자 안나 프레벨(Anna Frebel)은 《가장 오래된 별을 찾아서(Auf der Suche nach den ältesten Sternen)》에서 이렇게 말한다. "물은 별에서 만들어진 산소와 빅뱅이 낳은 수소로 이뤄져 있다. 산소 원자는 수소 원자보다 16배 무거우므로 물 분자에서 수소와 산소의 질량비는 1 대 8이다. 우리 몸무게는 약 65퍼센트가 물로 구성되어 있으므로, 그 말은 우리의 8퍼센트(그러니까 12분의 1)가 수소라는 뜻이다. 자, 보라, 우리 자신이 빅뱅의 일부다. 우리 안의 수소가 빅뱅이 일어난 후 처음 몇 분 동안 만들어진 것이라는 의미에서 우리 자신은 빅뱅의 일부다.

그러니까 몸무게가 75킬로그램인 사람은 약 6킬로그램의 빅뱅 수소를 지니고 다니는 셈이다." 가령 물을 한 모금 마실 때에도 매번 우리는 이 원소를 소비하는 것이다.

수소와 산소 말고도 우리 몸무게를 구성하는 우주 먼지 원소는 더 있다. 탄소가 18.5퍼센트, 유전자의 건축 재료로 쓰이는 질소가 3.2퍼센트, 또 치아에 들어 있는 칼슘이 1.5퍼센트, 피에 포함되어 있는 철 등이 그것이다. 여기에 단백질, 지방, 미네랄은 물론 염소, 인, 칼륨, 황, 나트륨, 마그네슘 같은 미량 원소가 추가된다. 그리고 다시금 이 모든 물질은 죽어가는 별의 재에서 나온 화학 원소들로 만들어진다.

몸무게 75킬로그램인 사람의 몸에는 25파운드의 숯을 생산하기에 충분한 탄소와 통 하나를 가득 채울 만큼의 소금, 수영장 여러 곳을 소독하기에 충분한 양의 염소, 7.5센티미터 길이의 못(nail)을 만들 수 있는 철이 들어 있다.

그러나 한 번 우리 몸에 들어온 원소가 평생 그대로인 것은 아니다. 우리를 구성하는 물질의 90퍼센트 이상은 해마다 새것으로 바뀐다. 위(胃) 점막은 5일에 한 번씩 완전히 교체되고, 장선(腸腺: 고등 척추동물의 소장과 대장에서 장액을 분비하는 선—옮긴이)은 3~4일에 한 번씩, 골수의 파골세포는 2주일에 한 번씩 바뀐다. 뼈와 근육 역시 지속적 혁신을 추구해 12~15년에 한 번꼴로 완전히 새것으로 바뀐다.

미국 경제학자 제러미 리프킨(Jeremy Rifkin)은 《회복력 시대》에서 이렇게 말한다. "이 분자들이 생활권으로 돌아오면 기류와 조류를 통해 쉽게 전 지구로 퍼져나간다. 모든 인간의 몸에는 4×10^{27}개 이상의 수소 원자와 2×10^{27}개 이상의 산소 원자가 있으므로, 이 원자 중 많은 것은 어느 땐가 우리보다 앞서 살았던 다른 사람이나 생명체의 몸에 있었던 것이라고 확신할 수 있다." 그러니까 모든 사람에게는 클레오파트라의 한 조각이 들어 있는 셈이다. 비유적인 의미가 아니라 실제로 말이다.

프레벨은 말한다. "그러니까 우리를 구성하며 이 분자들을 만드는 모든 화학 원소는 우리보다 훨씬 나이가 많다. 수소의 경우 약 140억 살이고 다른 원소들도 최소 50억 살이다." 유럽우주국(ESA)의 천문학자 귄터 하징거(Günther Hasinger)도 한마디 보탠다. "우리 안에 있는 모든 원소는 한 번 이상 별의 위장을 거쳤다." 시인 에르네스토 카르데날(Ernesto Cardenal, 1925~2020)은 이렇게 말했다. "우리는 폭발한 별의 먼지로 만들어졌고 다시 별과 행성이 될 것이다, 언젠가는."

먼지는 별을 다른 모든 것, 즉 모든 행성 및 지상의 모든 생명체와 하나로 묶는다.

신은 먼지를 만들면서 무슨 생각을 했을까?

먼지 알갱이는 너무 작아서 1만 개를 나란히 붙여놓아도 길이가 1센티미터가 채 안 된다. 그러나 지구에서 다른 별까지의 거리는 제일 가까운 것이 무려 40조 킬로미터다. 왜 먼지 알갱이는 그렇게 작을까? 우주는 왜 또 그렇게나 클까? 이 거대한 격차는 우연일까? 아니면 신의 변덕인가? 그도 아니면 어쩔 수 없이 그렇게 된 것인가? 크기의 비율을 도저히 다르게 만들 수 없었기 때문에?

우주에 우주 먼지가 탄생해 그 먼지가 뭉쳐 별이 되고, 다시 행성을 거느린 태양으로 자라난 것은 우연이다. 그 행성 중 하나에 생명이 탄생한 것도 우연이다. 그 생명 중에서 의식 있는 인간이 태어나 창조를 들여다볼 수 있게 된 것 또한 우연이다. 자연과학자들은 그렇게 말한다.

그러나 몇십 년 전부터 그중 몇 사람이 슬쩍 손을 뻗어 금지된 '왜'를 더듬거렸다. 흔히 말하는 '인류 지향 원리(anthropic principle)'를 내세우는 과학자들이다. 그들은 궁금해한다. 먼지 같은 물질을 만들 수 있고, 거기서 다시 인간 같은 생명체가 발달할 수 있으려면 우주는 어떤 모습이어야 할까?

황당하지만 그들의 결론은 이렇다. 즉, 우리의 우주를 빼면 그런 우주는 생각조차 할 수 없다. 영국 물리학자 폴 데이비스(Paul Davies)는 그 이유를 이렇게 설명한다. "이런 놀라운 사실을 이해하는 열쇠는 우주 어디서나 같은 값을 갖는 물리 상수다. 믿기지 않겠지만 우주의 모든 크기 비율이 이 상수에 달려 있다." 중력의 세기 같은 자연 상수 하나라도 실제 측정치와 다르면 먼지는 탄생할 수 없다. 어쨌거나 거대한 은하는 물론 작은 꽃가루도 될 수 있는 그런 먼지는 탄생하지 못한다. 그래서 그 학자들은 "인간이 존재하기 위해 우주가 존재한다"고는 차마 말하지 않지만 "우주가 정확히 지금 같지 않다면 인간은 탄생할 수 없었을 것"이라고 주장한다.

폴 데이비스의 말을 더 들어보자. "우리 인간은 원자와 우주 사이 어딘가에 위치한다. 우주와 행성의 크기 비율은 행성과 원자의 크기 비율과 대략 같다. 다시 인간과 원자의 크기 비율은 행성과 인간의 비율과 같다." 그리고 평균적인 먼지 알갱이의 크기는 상당히 정확하게 아원자(亞原子)와 지구 중간이다.

먼지, 인간, 행성, 태양의 크기 등급은 단순한 우연이 아니다. 그것들이 물리 세계에서 같은 물리 상수 위에 서 있다는 사실로부터 나온 결과다. 그러므로 세계의 몇 가지 특성을 설명하기 위해서는 인간이라는 존재가 꼭 필요하다.

그러나 상수가 확연히 달라진 우주에서는 우리가 존재할 수 없다는 사실을 의미 없다고 여기는 학자도 많다. 또 다수의 우주는 상수가 약간 달라도 존재할 수 있다고 주장하는 학자도 있다. '인류 지향 원리'를 따르는 대담한 학자들은 이 길도 저 길도 거부한다. 그들은 의식 있는 생명체를 탄생시키는 것이 우주의 숙명이라고 생각한다. 그 말이 맞는다면 처음의 질문엔 간단하게 대답할 수 있다. 왜 먼지 알갱이는 그렇게 작을까? 왜 우주는 그렇게 클까? 간단하다. 우리가 존재하기 때문이다.

먼지는 인간 문화의 원료

작은 먼지 알갱이 하나만 보아도 수천 년 전 인류가 어떤 일상을 살았는지 '읽을' 수 있다. 원시 시대 동굴 먼지를 일종의 타임머신으로 삼는 것이다. 공상과학 소설 같은 이야기지만 실제로 학자들이 그 일을 해냈다.

고인류학자들이 동굴 바닥에 깔린 작은 태곳적 먼지 자국에서 네안데르탈인과 다른 원시인들의 분자 유적을 발견했고, 다시 거기서 유전자의 유전질을 추출해낸 것이다. 여태는 뼈와 도구가 과거를 알려주는 유일한 길잡이였다. 그런데 이제는 땀과 피 그리고 오줌을 묻힌 광물 먼지가 그 길잡이 역할을 할 수 있다. '막스 플랑크 라이프치히 진화인류학연구소'의 마티아스 마이어(Matthias Meyer) 국제 연구팀이 그런 먼지 혼합물에서 인간의 DNA를 추출했다. 이 연구소의 소장으로 함께 연구에 참여했던 노벨상 수상자 스반테 페보(Svante Pääbo)는 이렇게 말한다. "이것이 고고학의 표준 도구가 될 거라고 생각한다. 이제 우리는 퇴적물의 DNA 흔적을 보고서 다른 방법으로는 입증하지 못하는 발굴지와 지역에서도 원시인의 존재를 입증할 수 있을 것이다."

우리는 먼지 한 숟가락에서 유전자 조각을 수조 개 찾을 수 있다. 그래서 가령 원시인의 가장 중요한 진화 중 하나인 불 사용 능력에 대해서도 더욱 정확한 사실을 알 수 있다. 석기 시대 인간은 먼지를 이용할 줄 알면서 불을 피울 수 있게 되었다. 그냥 부싯돌 2개를 친다고 불이 생기는 것은 아니다. 부싯돌에다 또 하나의 돌이 있어야 한다. 금운모(金雲母)라고도 부르는 황철석(pyrite, 黃鐵石)이다. 이 두 가지 돌을 맞부딪쳐야만 먼지 조각에서 눈에 보이는 불꽃이 튄다. 우리가 쓰는 라이터도 이런 기본 원리를 이용한다. 탄소를 함유한 강철 바퀴가 작은 부싯돌을 때리는 것이다.

먼지가 없다면 동굴 벽화도, 의식용 화장(化粧)도 없었을 것이다. 우리 조상들은 이미 5만 년 전부터 단순한 그림과 상징을 동굴 벽에 그리기 시작했다. 이는 에스파냐 북부에서 발견된 11개 동굴 벽화의 연도가 말해준다. 가장 오래된 벽화는 네안데르탈인이 그린 것으로, 적철석(hematite, 赤鐵石)의 비율이 높은 돌가루를 사용했다. 이 유적은 네안데르탈인이 의식용 화장품을 제조했다는 사실도 입증한다. 철 광물의 노란 안료인데, 훗날 고대 이집트 사람들도 이것으로 화장을 했다.

문자의 세계 역시 먼지와 밀접한 관련이 있다. 최초의 기호는 먼지로 쓰거나 먼지에 새겼다. 고대 연대기 저자들은 아르키메데스가 난로 먼지든 길가의 먼지든 먼지만 보면 무조건 끄적였다고 기록했다.

하루는 로마 군인이 앞에 버티고 서서 그림자를 드리우자 아르키메데스가 중얼거렸다, "방해하지 마시오." 그러자 군인이 칼을 빼서 75세 노인 학자를 베었고, 아르키메데스는 먼지에 쓰러져 숨을 거두었다.

숫자의 역사 역시 먼지와 직접적 관련이 있다. 키케로는 '박식한 먼지(pulvis eruditus)'라는 말로 제자들을 훈계했다. "너는 박식한 먼지를 만진 적이 없다" 이 말은 제자가 수학 문제를 풀지 못했다는 뜻이다.

0과 먼지 숫자

먼지와 가장 밀접한 관련이 있는 것은 0의 발명이다. 이 숫자가 처음부터 존재한 것은 아니기 때문이다. 0의 기원은 가장 오래된 셈(계산) 도구에서 시작되었다. 그리스어로 아박스(abax)라고 부른 주판이 바로 그 주인공이다. 그런데 이 단어는 셈어(Semitic language) 아브크(abq)에서 나온 말로 '모래 혹은 먼지를 뿌린 판'이라는 뜻이다. 바빌로니아와 로마뿐 아니라 인도에서도 셈을 하는 판에 모래를 뿌렸다. 인도에서 고등 수학을 의미하는 '둘리 카르마(dhuli-kharma)'는 '모래 활동'이라는 뜻이다.

왜 먼지를 셈 판에 뿌렸을까? 미국 하버드 대학교의 수학과 교수 로버트 캐플런(Robert Kaplan)은 《영의 자연사(A Natural History of Zero)》에서 그 이유를 이렇게 설명한다. "모래를 기억의 도우미로 썼다는 주장이 가장 신빙성 있어 보인다. 계산을 마친 숫자의 자국을 보고서 검산을 할 수 있는 것이다." 모래 먼지가 없다면 부주의로 인해 실수

를 했어도 나중에 알아내지 못할 것이다. 고의로 속였을 때도 입증할
수 없다.

0은 이런 '셈 먼지'에 둥근 '셈 돌'이 남긴 자국에서 탄생했다. 0을
채우던 돌을 제거하자 둥근 자국이 남았다. 인도 수학자들은 그 빈
원을 보고 0을 떠올렸다. 캐플런의 말을 더 들어보자. 예전에는 "1에
서 9까지의 숫자만 수로 보고 0은 일종의 마커(marker)로 생각했다.
5~6세기 혹은 7세기에 들어 인도 수학자들이 다른 모든 수와 마찬가
지로 0으로도 계산할 수 있다는 사실을 깨달았다".

0은 이슬람과 함께 인도를 떠나 북아프리카를 지나서 무슬림이 점
령한 에스파냐로까지 진출했다. 950년에는 이곳에서도 '후루프 알구
바리(huruf al-gubari)', 즉 '먼지 수'라고 일컫는 이 숫자를 사용했다. 이
명칭은 먼지를 뿌린 인도의 셈 판에서 유래했고, 상인들의 짐에 실려
멀리멀리 퍼져나갔다.

그러니까 무(無)를 이용한 셈법은 무에 가까운 먼지에서 유래한 기
술인 것이다.

먼지는 의식이 있을까?

"먼지는 더는 연장될 수 없을 정도까지 미세해질 수 있다." 독일 에세이 작가 토마스 팔처(Thomas Palzer)는 이렇게 말했다. 그래도 먼지가 물질일까? 철학자 르네 데카르트(René Descartes)에 따르면, 연장은 물질의 특징이다. 그는 이 '확장된 실체(res extensa)'를 정신, 즉 사유하는 실체(res cogitans)와 대비시켰다. 팔처는 말한다. "따라서 가장 비가시적인 먼지는 정신의 세계, 즉 에너지의 영역에 속한다." 먼지는 정신으로 넘어가는 문턱에 선 물질의 숨결일까? 어디에나 있는 이 물질은 현실성과 초월성을 똑같이 만들어내는가?

영국 작가 필립 풀먼(Philip Pullman)은 환상 소설 3부작 《황금 나침반(His Dark Materials)》에서 먼지를 '의식의 입자'라고 불렀다. 긍정적 작용도, 부정적 작용도 하는 우주의 원초적 에너지라고 말이다. 먼지는 의식을 키울 수 있고, 인간과 다른 생명체의 의식에 영향을 미치며, 심지어 의식을 만들 수도 있다. 그러나 풀먼은 어떻게 그럴 수 있는지 설명해주지 않는다.

먼지 계산

통계적으로 독일의 평균적인 가정은 매일 1제곱미터당 6.2밀리그램의 먼지를 끌어모은다. 80제곱미터의 집인 경우 매일 0.5그램이다. 지구에 사는 인간이 80억 명이니 매일 집마다 쌓이는 먼지를 다 합치면 얼마나 될까? 이 세상에는 대체 얼마나 많은 먼지가 있는 걸까? 그리고 해마다 얼마만큼씩 늘어나는 걸까?

인류 역사를 통틀어 지금처럼 먼지가 많았던 적은 없다. 다들 그렇게 생각하고, 학자들의 입을 통해 확인되었듯 실제로도 그러하다. '막스 플랑크 화학연구소' 소장 요하너스 렐리벌트(Johannes Lelieveld)의 말을 들어보자. "대부분은 산업과 교통이 최악의 공기 오염 주범이라고 생각한다. 하지만 전 세계적으로 보면 그렇지 않다. 공기 오염의 주범은 가정에서 피우는 작은 불과 농업이다." 그는 미국, 키프로스, 사우디아라비아의 동료들과 협력해 전 지구의 대기화학 모델로 먼지 농도를 조사했고, 덕분에 측정값이 없는 지역에서도 자료를 만들 수 있었다.

학자들이 말하는 집에서 피우는 작은 불은 디젤 발전기, 작은 난로, 연기가 심하게 나는 장작불을 일컫는다. 소소한 활동이지만 30억 명에 가까운 사람들이 덮개가 없는 장작불로 밥을 하고 난방을 한다. 당연히 검댕과 연기, 배기가스, 미세먼지가 함께 배출된다. 여기에 산업과 교통의 먼지를 추가하면 연간 배출되는 먼지의 양은 3억 톤에 이른다.

공기를 오염시키는 또 다른 범인은 농업이다. 소와 돼지의 배설물에는 엄청나게 많은 암모니아(NH_3)가 들어 있다. 암모니아는 기체 형태의 질소 화합물로, 용해시켜 밭에 거름으로 사용한다. 〈슈피겔〉에 실린 기사에 따르면 "독일 농업은 식품 생산에 질소 거름을 사용하는 오랜 전통이 있다. 제1차 세계대전이 일어나기도 전인 독일제국 시절부터 이미 수십만 톤의 질소 거름을 밭에 쏟아부었다. 그러는 동안 우리는 그것이 환경과 기후에 광범위한 부정적 영향을 끼칠 수 있다는 사실을 깨달았다". 땅에 뿌린 질소를 식물이 다 흡수하지 못하면 기후에 해로운 웃음 가스, 즉 아산화질소(N_2O)가 형성되기 때문이다.

배출된 암모니아는 '기체에서 입자로의 전환(Gas to Particle conversion, GPC)'을 거쳐 미세먼지로 바뀔 수 있다. 아이오와 주립대학교 '농업 바이오 시스템 공학과'의 야첵 코지엘(Jacek A. Koziel)에 따르면 이 미세먼지는 멀리 날아가기 때문에 "농업 배출원과 많이 떨어진 지역의 공기 질에도 영향을 미친다". 지난 50년간 암모니아 배출량은 다른 물질의 그것보다 많이 증가했다. 중국, 인도, 미국 3개국이 전 세계

암모니아 먼지의 절반을 배출한다. 독일은 연간 최대 배출량을 550킬로톤으로 제한하는 국제협약에 가입했지만, 주기적으로 그 수치를 크게 초과하고 있다.

막스 플랑크 연구소의 조사 결과에 따르면 "건강에 해로운 미세먼지 입자의 주범은 90퍼센트 이상이 인간이다". 이 먼지는 사막 먼지 같이 자연에서 배출되는 것보다 훨씬 건강에 해롭다. 연구소의 학자들은 이렇게 말한다. "인간이 만든 미세먼지는 건강에 덜 해로운 사막 먼지 입자와는 다르다. 일반적으로 사막 먼지보다 더 작아서 폐 깊숙이 파고들 수 있다."

특히 아라비아반도 주변 지역과 4억 명이 거주하는 중동에서 세계보건기구(WHO)가 정한 미세먼지 기준치를 계속 초과하고 있다. 요하너스 렐리벌트의 말을 다시 한번 들어보자. "극단적 대기 오염으로 인한 연간 사망률이 10만 명당 745명에 이른다. 이는 높은 콜레스테롤 수치와 담배 연기 같은 다른 주도적인 건강 위험 요인과 비슷하며, 코로나19로 인한 사망률과도 비슷하다."

우리의 대기: 먼지 칵테일

지구의 자연 먼지양은 충격적일 정도로 많다. 로베르트 트리르바일러(Robert Trierweiler)가 《먼지—자연의 출처와 양(Staub—Natürliche Quelle und Mengen)》에서 먼지의 연간 배출량을 자세히 기록했다.

세계의 사막에서 대기로 오르는 먼지는 약 15억 톤이다. 그러나 가장 많은 먼지를 생산하는 주범은 사막이 아니라 대양이다. 하긴 놀랄 일도 아니다. 지구에서 가장 면적이 넓은 곳(71퍼센트)이 바다이니 말이다. 연간 100억 톤의 소금 입자가 바다에서 발생한다. 따지고 보면 먼지와 다를 게 없지만, 이 소금 입자 먼지는 상대적으로 크기가 커서 최대 0.5마이크로미터에 이르기도 한다.

바람이 이 바다 먼지의 10분의 1을 육지로 실어간다. 육지에서는 나무와 다른 식물들이 약 6600만 톤의 꽃가루를 배출한다. 그중 독일에 서식하는 100만 마리의 벌이 처리하는 양만 따져도 연간 2500만 킬로그램에 달한다. 코끼리 5000마리의 무게에 해당하는 양이다. 재채기를 일으키는 초록-노랑 꽃가루 대부분은 자작나무가 원인이며, 풀·오리나무·개암나무가 그 뒤를 잇는다. 식물의 먼지에는 침엽수림에서 나오는 테르펜(terpene) 분자처럼 미량 가스도 들어 있다. 그 미량 가스의 산화물이 공기 중에서 서로 달라붙어 미세 입자가 된다.

산불이 나면 약 8800만 톤의 연기와 검댕이 하늘을 뒤덮는다. 기후 온난화가 대형 산불을 부추겨 벌겋게 변한 하늘과 재로 뒤덮인 대기는 이미 드물지 않은 풍경이 되었다. 연기와 검댕 입자가 건강을 크게 해친다는 학자들의 경고는 오래전부터 있었다. 그 안에 든 물질이 천식이나 호흡기 질환을 일으키며, 지속적으로 노출될 경우 면역계를 해칠 수 있다. 아직은 역사가 짧지만 열·대기생물학(pyroaerobiology)의 연구 결과는 산불의 위험이 지금까지의 예상보다 훨씬 더 복잡하다는 사실을 입증한다.

중국 베이징 대학교에 재직 중인 위옌(俞妍)의 연구 결과가 대표적이다. 그는 "산불이 나면 모래 폭풍이 온다"는 사실을 밝혀냈다.

2003년부터 2021년까지 일어난 15만 건의 산불 위성 자료를 분석해서 내린 결론이다. 그는 〈네이처 지오사이언스(Nature Geoscience)〉에 이렇게 썼다. "산불의 90퍼센트 이상이 식물의 유의미한 감소를 낳았다. 전체 면적에서 식물이 죽었다. 따라서 큰 규모의 먼지 폭풍이 일었고, 그것이 재와 흙을 흩날려 에어로졸 함량을 증가시켰다."

대형 산불의 사나운 기류는 뒤집힌 땅에서 올라온 병원균도 실어 나를 수 있다. 그 덕분에 박테리아와 균류가 지금껏 불가능하다고 여겼던 먼 거리까지 날아갈 수 있다. 드론을 통해 관찰했더니 화재 진원지에서 800킬로미터 떨어진 곳에서도 먼지가 확인되었다. 캘리포니아 대학교의 조지 톰슨(George R. Thomson)은 이렇게 말한다. "지금껏 그 누구도 특정 질병이 증가한 원인을 먼 곳의 화재 진원지에서 찾아보자는 생각을 하지 못했다. 우리는 이제 막 그 이동 메커니즘을 이해하기 시작했다." 학자들이 그런 생각을 하게 된 것은 먼지의 지속적인 기록 경신이 놀라웠기 때문이다.

산불의 검댕은 심지어 수천 킬로미터 떨어진 곳에서도 생태 변화를 일으킬 수 있다. 이런 사실을 발견한 학자들은 북극 근처 북극해 조류의 비정상적인 증식에 놀라 연구를 시작했다. 북극해의 생태계는 보통 질소가 제한적이므로 학자들은 다른 원인을 찾기 시작했다. 조류를 대량으로 발생시키는 과잉 영양소는 어디서 왔을까? 노스캐롤라이나 주립대학교의 더글러스 해밀턴(Douglas Hamilton)에 따르면 바다에는 그럴 만한 원인이 없으므로 "남은 유일한 장소는 대기였다". 대기학자들은 주범이 대형 산불이라는 사실을 밝혀냈다. 산불은 수천 킬로미터 떨어진 시베리아에서 발생했다. 그때 질소를 가득 함유한 이탄(泥炭)이 불에 탔다. 그 산불 먼지가 북쪽으로 날아왔고, 양분이 적은 북극해 물에 질소가 녹아 저장되었다. 그 결과 북극에 심각한 변화가 일어났다. 조류가 대량 증식한 것이다. 당연히 물속 산소량이 감소했고, 이는 물고기와 수중 식물에 큰 해를 끼쳤다.

화산이 연간 배출하는 재와 유독 가스는 3300만 톤으로, 대기 중 재의 3분의 1에 해당한다. 늪지도 1000만~2000만 톤의 황화물을 배출한다. 그중 절반이 부유 물질이 된다.

살아 있는 공기

대기 중 미립자에는 박테리아도 포함되며, 그 양은 70기가톤에 이른다. 1기가톤은 10억 톤 혹은 1조 킬로그램이다. 이 가늠하기 힘들 만큼 어마어마한 양은 바이즈만 과학연구소(Weizmann Institute of Science)와 캘리포니아 기술연구소(California Institute of Technology)의 학자들이 측정한 수치다. 바람과 폭풍은 박테리아를 멀리, 또 높이 실어 나를 수 있다. 이는 NASA의 연구원들이 약 10킬로미터의 대기 샘플에서 발견한 사실이다. 그들이 필터의 내용물을 분석했더니 그중 약 20퍼센트가 생존 가능한 박테리아 세포였다. 학자들은 이것이 기후에 영향을 미칠 수 있다고 주장한다. 많은 박테리아가 신진대사를 하면서 탄소 화합물을 처리하는데, 대기 중 탄소도 그렇게 할 수 있다는 것이다. 또 이 미생물들은 대기에서 습기를 끌어모으는 핵심 역할을 한다. 따라서 구름과 강수에도 영향을 줄 수 있다. 박테리아는 눈도 내리게 할 수 있다. 우리 생각보다 훨씬 더 자주 구름에서 얼음 결정이 자라도록 만들 수 있다. 이 사실은 각종 눈 샘플을 분석한 결과다. 미국 루이지애나주 배턴루지에 있는 루이지애나 주립대학교의 학자들은 이런 지식을 활용해 일기 예보의 정밀화를 꾀하고 있다.

150만여 종의 균류 역시 무게가 대단하다. 전 세계 균류를 다 합쳐서 무게를 재면 12기가톤이 넘을 것으로 추정한다. 그에 비하면 균류가 증식을 위해 공기 중으로 날려 보내는 포자는 아무것도 아니다. 균류는 대부분 포자를 바람에 실어 수동적으로 날려 보내지만, 사상균(絲狀菌)과 깜부기균처럼 적극적으로 포자를 공중에 던지는 종도 있다. 또 습기에 부풀어 오른 과육이 압력을 견디지 못하고 터지면서 포자를 퍼뜨리는 균류도 있다.

생화학자 자닌 프룅리히노보이스키(Janine Fröhlich-Nowoisky)의 말을 들어보자. "사람의 손이 닿지 않은 우림에서는 당연히 대기의 에어로졸 입자 덩어리 대부분이 균류의 포자와 다른 생물 입자인데, 내륙과 도시 환경에서도 크게 다르지 않다. 이 포자들은 물방울과 얼음을 만드는 데 핵으로 작용해 강수 패턴과 지구 에너지 관리에 영향을 준다."

NASA의 미생물학자 데이비드 스미스(David J. Smith)가 보충 설명을 곁들인다. "대양의 플랑크톤과 비슷하게 대기 중에도 미생물이 우글거린다. 지표면에서 소용돌이쳐 오르는 에어로(aero) 플랑크톤이다. 이 대기 미생물이 본격적으로 연구 대상이 된 것은 이번 세기에 접어들어서다. 효율적인 샘플 수집 방법과 현대적인 분자 활용법을 발견했기 때문이다. 따라서 현재 우리는 죽은 세포조차도 구름과 얼음을 응결하는 데 핵으로 작용해 날씨와 기후에 기능적 역할을 할 수 있다는 사실을 알게 되었다."

마인츠 대학교의 피피아네 데스프레스(Viviane Després)는 "대기 중 포자 농도가 지금까지 생각했던 것보다 훨씬 높다"는 사실을 발견했다. "인간은 호흡할 때마다 그중 최대 10퍼센트를 들이마신다." 데스프레스는 비가 내리고 나면 공기가 아주 깨끗하다는 통념을 반박한다. 오히려 그 반대다. 비가 그치고 나면 대기는 수십만 개의 포자로 가득 찬다.

이 포자가 사막 먼지에 달라붙으면 위험하다. 미국 지질조사국의 지리화학자 제프리 플럼리(Geoffrey Plumlee)의 말을 들어보자. "사막 먼지에 들어 있는 균류 코시디오이데스 이미티스(Coccidioides immitis)의 포자를 들이마시면 계곡열(Valley Fever)에 걸린다는 사실은 의심의 여지가 없다." 이 병은 독감과 비슷하게 진행되지만, 결국 죽음으로 끝난다. 독감 얘기가 나왔으니 하는 말이지만, 인플루엔자(influenza)라는 말은 참 재미있다. "병이 하늘에서 떨어진다"는 뜻이니 말이다.

사하라에서 남극에 이르기까지 어디서나 먼지에는 곰팡이인 아스페르길루스(Aspergillus)가 들어 있다. 이 곰팡이는 블루치즈나 헝가리 살라미를 우리가 원하는 품질이 되도록 도와주지만, 우리의 계획과 달리 과도하게 번지면 문제를 일으킨다. 특히 면역력이 약한 사람은 약이 듣지 않아 위험할 수 있다. 임페리얼 칼리지 런던의 미생물학자 조애나 로즈(Johanna Rhodes)의 말대로, 이 균류의 변이 중 다수가 약에 내성을 키웠기 때문이다.

이런 말을 들으면 네일 숍 직원들의 마음이 편치 않을 것 같다. 손톱이나 발톱을 갈 때 먼지가 많이 생기는데, 그 손톱이나 발톱에 곰팡이가 살고 있을 수도 있으니 말이다. 오스트레일리아 찰스 스터트(Charles Sturt) 대학교의 폴 틴리(Paul D. Tinley)가 네일 숍 직원 50명의 코에서 무작위로 샘플을 채취해 분석했더니 그중 44퍼센트에서 "엄청난 수의 유해 균류"가 발견되었다.

자, 정리를 해보자. 세상 먼지를 전부 합치면, 그 양은 연간 약 120억 톤에 달한다.* 여기에 박테리아와 균류의 무게까지 추가하면 실로 믿기 힘든 양이 나온다. 무려 93조 9970억 톤에 달한다.

정말 엄청나지 않은가? 이에 비하면 우리 집 먼지는 아무리 많아봤자 새 발의 피도 안 될 것 같다.

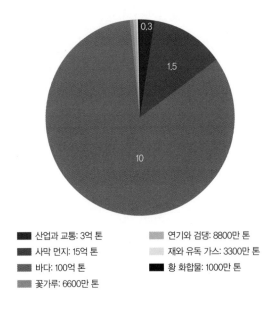

■ 산업과 교통: 3억 톤　　■ 연기와 검댕: 8800만 톤
■ 사막 먼지: 15억 톤　　■ 재와 유독 가스: 3300만 톤
■ 바다: 100억 톤　　■ 황 화합물: 1000만 톤
■ 꽃가루: 6600만 톤

---

* 　　정확히는 119억 9700만 톤이다.

먼지의 크기는?

먼지라고 해서 다 같은 먼지가 아니다. 먼지의 크기가 0.1~2.5마이크로미터일 때는 '초미세먼지', 2.5~10마이크로미터일 때는 '미세먼지'라고 부른다. 또 지름이 0.1마이크로미터보다 작을 때는 '나노 미세먼지'라고 부른다. 참고로 담배 연기의 지름은 0.01마이크로미터다. 마이크로미터(1000분의 1밀리미터)가 얼마나 작은 단위인지를 상상하기 위해 비유를 들자면, 우리 머리카락의 지름은 약 100마이크로미터다. 가장 큰 먼지 알갱이도 머리카락의 3분의 2에 불과하다. 무럭무럭 피어오르는 김은 먼지 등급의 제일 아래에 있다. 이것은 종이보다 약 50만 배 더 얇다.

나의 먼지 엑스포솜과 나

이 문장을 쓰는 지금 나의 시선은 먼지를 관통한다. 이 문장을 읽는 당신도 마찬가지다. 나의 첫 먼지층은 안경 유리알에 떨어진 빛이다. 이어 나의 시선은 나와 컴퓨터 모니터, 더 정확히 말하면 모니터를 덮은 먼지 사이에 뜬 먼지를 지나간다. 지금 당신의 시선은 당신과 이 페이지 사이에 뜬 먼지를 지나간다.

우리 모두는 미국 만화가 찰스 슐츠(Charles M. Schulz)의 작품 〈피너츠(Peanuts)〉에 나오는 인물 피그 펜(Pig Pen)을 닮았다. 그녀는 늘 먼지구름에 싸여 있다. 그래서 학자들은 이 먼지 아우라를 '피그 펜 효과'라고 부른다. 모든 인간, 모든 생명체는 먼지에 싸여 있다. 먼지는 언제 어디서나 우리와 함께한다. '개인 구름(personal cloud)'이라고 부르는 이 먼지구름은 입자, 물방울, 포자, 박테리아, 바이러스로 이루어진다. 그리고 이 개별적 입자의 혼합물이 바로 우리의 '체취'다. 제빵사나 요리사라면 밀가루 구름을 데리고 다닐 것이다. 원예사나 산림 감독원이라면 나무 구름에 싸여 살 것이다. 방금 세탁기를 돌렸다면 당신의 개인 구름은 세제로 가득할 것이다

이 개인 먼지구름은 1990년에 처음 시행한 대규모 환경 먼지 조사에서 발견되었다. 당시 미국 환경보호국(EPA)의 랜스 월러스(Lance Wallace)가 '개인 구름'이라는 말을 처음 사용하면서, 그때까지의 먼지 측정 결과에도 의문을 제기했다. 사람들이 실제로 노출되는 실내의 진짜 상태를 그 자료들이 제대로 반영하지 못한다고 말이다. 우리는 인생의 최대 90퍼센트를 실내에서 지내며, 그중 거의 70퍼센트가 집이다.

최초의 이동식 먼지 측량기를 개발한 월러스의 신조는 이랬다. "사람들에게서 직접 먼지를 측정해야 한다." 그가 개발한 네펠로미터(Nephelometer)는 휴대하기가 너무도 간편해서 캘리포니아주 리버사이드에서 온 178명의 실험 참가자들이 일상생활을 하면서도 그 기계를 지닐 수 있었다. 모두가 일할 때도, 쉴 때도, 책을 읽을 때도, 밥을 할 때도 항상 기계를 휴대했다. 월러스는 계절마다 7일 연속 참가자들의 개인 먼지구름을 측정했다. 또 그들의 집 외부에도 고정 장치를 설치해 먼지 농도를 기록했다. 그리고 이런 실험 결과를 발표했다. "참가자들이 전체 먼지의 3분의 1을 배출했다. 인간이 대량의 먼지 출처다."

많은 집 먼지 입자가 우리 피부에서 나온다. 면적이 약 2제곱미터인 우리의 피부 세포는 절반만 몸에 딱 붙어 있다. 나머지는 0.003~0.008그램의 가벼운 각질이 되어 표피에서 떨어져 나오고, 우리는 그중에서 "매일 약 70만 개를 들이마신다". 우리 몸에서 매일 떨어져 나

가는 세포는 최대 10그램이다. 1년에 3650그램이나 된다. 신생아 몸무게에 해당하는 무게다.

그러나 각질이 개인 먼지구름에서 차지하는 비율은 10퍼센트밖에 안 된다. 훨씬 더 많은 양이 옷에서 떨어진다. 보푸라기가 얼마나 쉽게 떨어지는지는 건조기 거름망만 보아도 잘 알 수 있다. 월러스가 이 보푸라기 효과를 발견한 것은 실수로 팔을 먼지 측정기 모니터 방향으로 흔들었기 때문이다. 측정기가 격하게 울렸다. 그는 작가 해나 홈스(Hannah Holmes)에게 당시를 이렇게 회상했다. "모니터 앞에서 팔을 흔들자 재현 가능한 효과가 나타났어요. 나는 동료에게 전화를 걸었죠. 그도 연구용으로 집에 먼지 측정기를 갖고 있었거든요 '웨인, 모니터 앞에서 팔을 흔들어봐.'" 하지만 동료의 측정기는 꼼짝도 하지 않았다. 월러스가 그에게 물었다. "웨인, 셔츠를 어떻게 빨아?" 웨인은 세탁소에 맡긴다고 했다. 깨끗하게 세탁된 셔츠는 비닐 덮개를 씌워 집으로 가져오고, 그것을 그대로 걸어두었다가 입을 때 꺼낸다. 그러나 월러스는 셔츠를 집에서 빨아 옷장에 걸어둔다. 그래서 먼지가 앉는다. 그것이 월러스가 팔을 흔들 때 떨어졌던 것이다.

월러스의 말을 들어보자. "우리의 개인 먼지구름은 대부분 옷에서 나올지도 모른다." 집에서 그냥 돌아다니기만 해도 청소기를 돌릴 때와 비슷한 양의 먼지가 공기 중으로 뿜어 나온다. "1분당 약 2밀리그램의 입자가 배출된다. 담배 한 개비를 피울 때 나오는 먼지의 약 절반가량이다."

아늑한 집, 먼지 구덩이 집

구분이 명확하지 않아서 식당, 거실, 부엌을 넘나드는 오픈된 공간에 특히 많은 먼지가 모인다. 월러스는 먼지가 특별히 많이 배출되는 실내 장소―난방 시설과 화덕이 있는 곳 포함―에서 먼지를 측정해 그 수치를 외부 측정치와 비교했다. 그런데 그 결과가 놀라웠다.

"지금까지는 가령 정유 공장이나 석유화학 공장, 석유 저장 시설이 있는 곳에서 벤젠 노출이 가장 크다고 생각했다. 하지만 우리의 측정 결과를 보면, 실제로는 실내 공기의 벤젠 함량이 공장 시설과 가까운 바깥 공기보다 2~3배 더 높았다. 상당히 놀라운 일인데도 오랫동안 아무도 몰랐던 사실이다." 실내 먼지가 바깥 먼지보다 더 위험할 때가 많은 이유는 유독 성분―가령 납, 크롬, 수은 같은 중금속과 위험한 화학 물질―이 집 먼지에 많기 때문이다. 월러스의 결론은 이렇다. "실내 노출이 외부 노출과 반드시 밀접한 관련이 있는 것은 아니다. 따라서 잠재적 노출에 대한 보고가 심각한 혼란을 초래할 수 있고, 실제로도 그렇다. 그러므로 개별적인 유해 물질 노출 측정이 반드시 필요하다."

미국 뉴욕주 포츠담에 있는 클라크슨 대학교 '대기자원 공학 및 과학 센터'의 환경학자 앤드리아 페로(Andrea Ferro)도 월러스의 주장에 동의한다. "지난 수십 년 동안 학자들은 산업이나 교통이 유발하는 대기 오염을 열심히 측정했다. 가정과 사무실의 공기 유해 물질이 삶의 질과 인간의 건강에 미치는 영향력을 진지하게 조사하기 시작한 것은 불과 10년 전부터다. 그 결과 대부분의 외부 공기는 실내 공기보다 훨씬 깨끗하다는 사실이 밝혀졌다."

필리핀 수도 마닐라에서 시행한 연구 조사 역시 이런 주장을 뒷받침한다. 독일 라이프치히에 있는 '라이프니츠 대류권연구소(TROPOS)'의 라이젤 마두에노(Leizel Madueño)는 들이쉬는 공기와 내쉬는 공기의 농도를 비교하는 신종 휴대 측정 시스템을 개발했다. 지금까지는 검댕의 농도만 잴 수 있지만, 그녀는 이 기계로—실내 공간인—공공소형 버스의 승객들이 걸어서 출퇴근하는 사람보다 검댕을 3배 더 들이마신다는 사실을 밝혀냈다. 이유는 아직 밝혀지지 않았다. 그녀의 말을 들어보자. "이 결과는 실내의 유해 물질 농도가 바깥보다 몇 배더 높을 수 있으므로 실내 공기를 더 자주 측정할 필요가 있다는 사실을 말해준다."

지금까지 관심을 두지 않았던 실내 유해 물질의 원천은 가구와 바닥이다. 거기에서 반응성 화학 물질이 배출된다. 대부분이 폼알데하이드(formaldehyde), 벤젠, 트라이클로로에틸렌(trichloroethylene) 같은 휘발성 유기 화합물(VOC)이다. 폼알데하이드는 눈과 코 점막을 자극해 두통을 유발할 수 있다. 벤젠은 암을 유발하며, 트라이클로로에틸렌은 호흡기를 괴롭힌다.

야외에서는 '대기의 세제' 역할을 하는 하이드록실 라디칼(hydroxyl radical)이 휘발성 유기 화합물을 분해한다. 이 라디칼은 자외선과 오존이 상호 작용하면서 저절로 만들어지는데, 막스 플랑크 마인츠 화학연구소의 노라 차노니(Nora Zannoni)는 자외선이 부족한 실내에서는 라디칼이 어떻게 반응하는지 궁금했다. 그녀의 연구 결과를 보면 직접적인 태양광선이 없어도 반응성 화학 물질을 분해하는 하이드록실 라디칼이 만들어진다. 우리 피부에서 화학적 방패, 즉 아우라가 생기는 것이다. 그러나 문제가 없지는 않다. 그녀의 말을 들어보자. "우리 인간이 반응성 화학 물질을 스스로 바꿀 수 있다는 말은 우리가 실내의 화학에 대해 고민해야 한다는 뜻이다. 우리 스스로 만들어내는 인간의 산화장(oxidation field, 酸化場)이 우리와 밀접한 환경에 있는 수많은 화학 물질도 바꾸기 때문이다. 수많은 화학 산물이 바로 우리가 호흡하는 곳에서 생겨나지만, 우리는 아직 그것이 우리의 건강에 어떤 영향을 미치는지 알지 못한다."

360도 먼지 분석

먼지로 인한 건강 위험을 밝히기 위해 엑스포솜(exposome) 연구에 집중하는 학자들이 늘고 있다. 이 개념은 아기일 때 수동적으로 들이마신 담배 연기부터 젊을 때 자주 갔던 연기 자욱한 디스코텍을 거쳐 예전에 살았거나 지금도 거주하는 대도시 또는 공장 근처의 미세먼지에 이르기까지, 태아 시기부터 노출된 환경 위험 전체를 일컫는다.

이 연구 분야는 이제 막 자리를 잡은 신생 학문이다. 학자들은 질병 이해의 마지막 퍼즐 조각이 먼지라고 확신한다. 인간에게 미치는 먼지의 영향력을 밝혀낼 기술도 이미 나와 있다. 일단 실험 참가자들이 성냥갑만 한 크기의 기계를 팔에 붙이고 다닌다. 그럼 그 기계가 매번 인간의 호흡량에 해당하는 공기를 '들이마신다'. 또 집 안팎에서 첨단 기술로 먼지를 측정한다. 특수 X선 기계로 정원과 주변 바닥을 정기적으로 검사해 유해 물질을 탐지한다. 추가로 드론을 띄워 집 주변 하늘의 공기 질을 측정한다. 또 근처에서 벌을 키워 바이오센서로 활용한다. 꿀을 분석하면 주거 지역 미세먼지의 양을 알 수 있기 때문이다.

이런 '360도 먼지 분석'에서는 '내부 엑스포솜'도 주기적으로 측정한다. 즉, 혈압, 호르몬 수치, 소변 등도 검사한다. 이런 '바이오마커'를 통해 먼지 노출과 관련된 신체 변화를 파악하려는 것이다. 빅데이터 분석에는 자체 학습 생물 정보 알고리즘을 이용하는 슈퍼컴퓨터가 동원된다. 한마디로, 엑스포솜과 함께 바야흐로 먼지 연구의 새 시대가 열린 것이다.

집 먼지가 비만을 유발할 수 있을까?

미국 노스캐롤라이나주 더럼(Durham)에 있는 듀크 대학교의 학자들이 11가구의 집 먼지를 분석해 비만을 일으킬 수 있는 화학 분자 칵테일을 발견했노라 주장했다. 분리한 지방세포(adipocyte)의 성장에 먼지가 미치는 영향을 조사했더니 실제로 배양액의 지방세포가 크게 성장한 것이다. 지방세포는 단 2주일 만에 트라이글리세라이드(triglyceride)의 형태로 지방을 저장했다. 특히 살충제, 가구 보호제, 프탈레이트(phthalate)에 달라붙은 먼지에서 성장이 빠르게 진행되었다. 프탈레이트는 플라스틱 유연제로 환경호르몬 물질이며 결합조직 세포를 지방세포를 바꿀 수 있다. 이런 내분비 교란 화학 물질(EDC)은 3마이크로그램만으로도 비만 효과를 낼 수 있다.

시험관에서 얻은 결과를 현실에 그대로 적용할 수 있을지는 아직 미지수다. 하지만 실험을 지휘한 크리스토퍼 카소티스(Christopher Kassotis)의 말대로 "집 먼지에 포함된 신진대사 교란 물질이 지금까지 생각했던 것보다 훨씬 더 널리 퍼져 있다는 게 가장 중요한 사실 중 하나"일 것이다.

05

먼지 범벅 미니 동물원

1676년 10월 9일 금요일, 한 포목상이 눈에 보이지 않는 것들의 우주로 들어가는 문을 열었다. 그날 이후 그 누구도 먼지를 원시적인 오물(汚物)이라고 생각지 않게 되었다. 네덜란드 포목상 안톤 판 레이우엔훅(Anton van Leeuwenhoek, 1632~1723)이 런던 왕립학회에 편지 한 통을 보냈는데, 그 내용이 어찌나 비범했던지 오늘날 미생물학자들은 그것을 그냥 '편지 18(Brief 18)'이라고 부른다.

레이우엔훅은 취미로 손수 렌즈를 만들었다. 275배 확대할 수 있어 앞서 나온 어떤 렌즈보다도 성능이 10배는 뛰어났다. 하지만 그는 자연과학 교육을 받아본 적이 없는 사람이라 그 렌즈를 끼운 현미경을 아무 데나 들이대고 관찰했다. 의자도 보고, 의자 밑도 보고, 양탄자 위도 보고, 다른 사람의 입속도 보고, 자기 목구멍도 들여다보았다. 그리고 그 온갖 곳에서 "어찌나 빠르게 움직이는지 살아 있는 것처럼 보이는 작은 동물들"을 발견했고, 그것에 '극미 동물(animalcule)'이라는 이름을 붙여주었다. 그런데 소금으로 이를 닦고 식초로 입을 헹궜더니 입안에 있던 그것들이 전부 다 죽어버렸다.

그러니까 레이우엔훅은 미생물을 목격한 최초의 인간이었다. 인류의 건강을 위해, 또 지구 생명체를 이해하기 위해, 돈으로는 도저히 환산할 수 없는 엄청난 가치를 지닌 발견이었다. 그의 발견이 의학사의 가장 큰 진보라 할 수 있는 세균 이론의 근간이 되었기 때문이다. 그러나 이 작은 존재가 병을 낫게 할 수도, 병을 일으킬 수도 있다는 사실을 깨닫기까지는 그로부터 다시 200년이라는 긴 시간이 필요했다. 그 긴 세월이 흐르고서야 사람들은 눈에 보이지 않는 세상을 가득 채운—가장 큰 유기체부터 가장 작은 먼지에 이르기까지—그 작은 생명체들의 의미를 서서히 알아차렸다. 레이우엔훅과 같은 시대를 살았던 고트프리트 빌헬름 라이프니츠(Gottfried Wilhelm Leibniz, 1646~1716)는 너무나도 작은 먼지 하나하나가 "식물로 가득한 정원이요, 물고기가 우글거리는 연못이다"라고 말했다.

여전히 '자연 발생'을 믿었던 자연과학자들을 반박한 도구도 먼지였다. 자연 발생은 작은 생명체는 언제라도 무생물로부터 생겨날 수 있다는 이론이다. 1745년 영국 생물학자 존 터버빌 니덤(John Turberville Needham)은 자연 발생을 입증하는 완벽한 실험을 마쳤다고 호언장담했다. 대부분의 학자가 생명체는 열에 죽는다고 생각했지만, 니덤은 미생물은 끓여도 식품에서 성장한다는 사실을 입증하고자 했다. 그래서 끓인 닭죽을 시험관에 붓고 가열한 후 시험관을 밀폐하고서 기다렸다. 그러나 그가 미처 생각하지 못한 것이 있었으니, 바로 먼지의 역할이다. 먼지와 함께 세균이 시험관으로 들어갈 수 있는 것이다. 당연히 얼마 후 미생물이 자랐고, 니덤은 그것을 자신의 주장이 옳다는 증거로 해석했다.

찬반 논쟁이 그치지 않자 결국 프랑스 과학 아카데미가 나섰다. 1862년 아카데미는 상금을 내걸고 자연 발생을 입증하거나 반박할 실험을 공모했다. 이에 프랑스 화학자 루이 파스퇴르(Louis Pasteur, 1822~1895)가 "반박할 수 없는 결정적인" 그리고 먼지가 열쇠 역할을 하는 실험을 선보였다. 그는 니덤과 반대로 배양액을 살균한 후 먼지 유입을 차단했다. 자신이 개발한 긴 S자 모양의 백조목 플라스크 안으로 공기를 들여보내면서 동시에 가열할 때 먼지 입자가 닭죽에 들어가지 못하도록 막았던 것이다. 과연 플라스크에서는 아무 일도 일어나지 않았다. "몇 달 동안 관찰해도 살아 있는 미생물이 전혀 나타나지 않았다"고 그는 말했다. 만일 먼지가 들어갔다면 살아 있는 미생물이 생겼을 것이다.

이 과정을 통해 파스퇴르는 자연 발생 이론을 반박했고, 나아가 미생물이 어디에나 있다는 사실도 입증했다. 현대 세균 이론이 탄생한 것이다.

미세한 사회에서

번창하는 미생물학은 쉬지 않고 미생물과 질병의 짝짓기를 시도한다. 다듬이벌레, 집먼지진드기, 농가진드기, 곰팡이진드기, 증기문진드기

등 집 먼지 속에 사는 온갖 생물도 예외가 아니다. 무려 5만여 종에 이르는 집먼지진드기는 지난 4억 년 동안 꾸준히 진화했고, 눈도 머리도 없지만 세계 여행 전문가다. 녀석들은 시대에 발맞춰 신속하고도 스타일리시하게 비행기 좌석, 여행객의 가방이나 옷에 붙어 온 세상을 돌아다닌다. "열차는 물론 잠수함에서도 이것들을 발견할 수 있다"고 아일랜드 국립대학교의 클라크 데이비드(Clarke David)는 말한다. 그가 찾아낸, 상대적으로 새로운 진드기 번식 장소는 바로 유아용 카시트다.

미시간 대학교의 파벨 클리모프(Pavel Klimov)는 유전자 비교 연구를 통해 진드기가 전 대륙에 널리 퍼져 있다는 사실을 밝혀냈다. "대부분의 사람은 모르지만, 상상할 수 있는 모든 이동 수단에는 무수히 많은 미생물이 살고 있다."

현대 집먼지진드기의 조상은 새에 붙어 깃털을 먹고 살았던 기생 진드기다. 훗날 몇 마리가 새 둥지로 따라 들어가 그곳의 먼지를 식량으로 삼았다. 인간이 집을 짓기 시작하자 진드기는 그곳으로 옮겨 왔고, 세계 곳곳으로 퍼져나간 이 새로운 생활 공간은 성공적인 몇몇 진드기종에게는 복권이나 다름없었다. 크기가 0.1~5밀리미터에 불과한 이 생명체는 소파, 양탄자, 깃털 침대, 오리털 베개 속으로 파고들었다. 그래서 집에 사는 진드기의 60~70퍼센트가 수면 공간에 진을 치고 있다. 어림잡아 평균 200만~1000만 마리가 매트리스에 우글거리기 때문에 10년이 지난 매트리스는 녀석들의 무게로 인해 무게가 2배로 늘어날 수 있다. 또 2년 사용한 베개는 평균적으로 최대 약 10퍼센트까지 진드기의 차지다.

녀석들의 세상은 내가 아는 최고의 괴짜 교재 중 하나에 잘 담겨 있다. 네덜란드 네이메헌(Nijmegen)에 있는 라드바우드(Radboud) 대학교의 교수 요하나 판 브론스베이크(Johanna van Bronswijk)는 《집 먼지 생태계(Housedust ecosystem)》에서 날아다니는 동물원, 도저히 막을 도리가 없는 집 먼지의 세상에 대해 아주 자세히 설명한다. 그녀는 습도계와 온도계를 이용해 진드기가 가장 좋아하는 온도는 섭씨 25도이며, 습도는 65~80퍼센트라는 사실을 알아냈다. 습도가 50~60퍼센트로 떨어지면 마르기 시작하지만, 녀석들은 서로 뭉쳐 습도를 유지하기 때문에 건기에도 무사히 살아남는다.

화학 약품을 사용하면 진드기 수가 일시적으로 줄어들지만 이는 사람에게도 해로울 수 있다. 일부 방역 전문가들은 오리털 베개와 이불을 냉동고에 넣으라고 권하지만 진드기는 영하 20도에서도 생존한다. 글래스고 대학교 면역학과에서 실시한 실험 결과를 보면, 뜨거운 증기로 청소했을 때 진드기 수가 크게 줄었다.

특히 양탄자가 먼지 진드기의 낙원이다. 네덜란드 기업 '짐 & 파본(Sim & Pabon)'이 첨단 기술을 이용한 해결책을 내놓았다. 이름하여 '불타는 양탄자(Fervent Carpet)'로, 라디에이터에 연결해 섭씨 140도로 가열할 수 있으므로 먼지 진드기를 박멸할 수 있다. 이 양탄자는 섬유로 감싼 2개의 관으로 만드는데, 그 관을 빙빙 돌려 멋진 나선형 무늬로 엮는다. 그리고 양탄자 끝부분에서 2개의 관을 연결하기 때문에 이음새 없는 평범한 모양이다.

타일 카펫도 먼지를 잡는 방법 중 하나다. baunetzwissen.de의 설명을 읽어보면, 이 카펫은 "루프 파일(loop pile) 양탄자 조직 덕분에 일단 먼지가 한 번 내려앉으면 공기 순환이나 발걸음으로도 다시 공중으로 솟구치지 않는다. 루프 파일은 두께가 다른 실로 이뤄져 있다. 가느다란 실은 지름 10마이크로미터 이하의 작은 입자를 붙든다. 굵은 실은 더 큰 입자를 붙든다. 이렇게 붙들린 먼지는 기존의 청소기로도 쉽게 양탄자에서 떨어져 나간다".

왜 우리는 이렇듯 열심히 진드기를 쫓아내려 안달일까? 녀석들이 식사를 마친 후 먼지 구덩이 생활 공간에다 배설을 하기 때문이다. 뮌헨 독일연방군대학교의 루이트가르트 마르샬(Luitgard Marshall)의 말을 들어보자. "진드기 암컷 한 마리가 하루에 먹어치우는 각질의 양은 많을 때는 자기 몸무게의 50퍼센트에 달한다. 몸무게가 75킬로그램인 사람이라고 생각하면 매일 족히 37킬로그램은 먹어치워야 한다는 얘기다."

풀색곰팡이(*Aspergillus glaucus*)류의 사상균 역시 각질을 먹고 살며, 진드기의 먹이가 된다. 앞서 소개한 여성 학자 판 브론스베이크는 진드기의 소화기에서 각질 이외에 균류의 포자와 사상균을 발견했다. 진드기는 포식한 먹잇감을 노린다. 먼지 입자 밑에 숨어서 기다리다가 강력한 발톱으로 먹이를 낚아채 빨아 먹는다. 먹이가 충분치 않을 때는 동족끼리도 서로 잡아먹는다.

판 브론스베이크의 이야기를 들어보자. "각 부분이 서로 의존하는 닫힌 순환계다. 균류는 각질을 먹고, 진드기는 균류를 먹고, 진드기는 다시 중기문진드기한테 잡아먹힌다. 그렇게 해서 집 먼지 생태계의 순환이 이뤄진다."

하지만 중기문진드기가 모든 진드기를 먹어치우는 것은 아니다. 살아남은 진드기는 먹이 입자를 특수한 막으로 에워싼다. 그리고 그 막 안에 시스테인 프로테아제(Cystein protease)를 주사해 먹이를 분해한다. 그런 다음 영양소 일부를 흡수하고, 그걸 소화시켜 남은 영양소와 함께 배설한다. 이 배설물을 어린 진드기가 먹는다. 3개월의 수명을 다하는 동안 성충 진드기는 자기 몸무게의 200배나 되는 배설물을 분비한다. 집 먼지 1그램에는 그런 배설물이 25만 개 넘게 들어 있다.

"이렇게 '잘 포장된' 배설물 입자는 배설되자마자 미생물이나 기계적 영향으로 인해 막이 터진다. 막이 터지면 밖으로 나온 배설물이 순환이나 분자 운동을 통해 문제없이 공기 중으로 흩어질 수 있다. 어쩔 수 없이 집 먼지 알레르기 환자는 미세하게 흩어진 알레르기 유발 물질과 접촉하게 되고, 먼지와 엉긴 진드기 배설물의 특정 단백질에 반응해 피부가 가렵고 눈이 붓고 콧물이 흐른다." 판 브론스베이크의 말이다.

집 먼지: 모든 알레르기의 어머니

독일천식알레르기협회의 추산에 따르면, 전 세계적으로 6500만~1억 3000만 명이 집먼지진드기 알레르기 환자다. 3000만 명에 이르는 독일 알레르기 환자의 3분의 1이 집 먼지 알레르기다. 당연히 집 먼지 알레르기 환자를 위한 조언과 제품이 넘쳐난다.

"침대를 정돈하지 말고 낮에도 그대로 두는 아주 간단한 방법이 유용할" 수도 있다. 영국 킹스턴 대학교의 스티븐 프렛러브(Stephen

Pretlove)는 아침마다 침구를 잘 캐면 진드기한테 번식의 낙원을 제공하는 꼴이라고 주장한다. 그러나 매트리스 온라인(Mattress Online)의 대표 스티븐 애덤스(Steven Adams)는 정반대 조언을 던진다. "아침마다 침대 커버를 최소 20분간 걷어 매트리스를 환기하는 것이 좋다. 그래야 공기가 순환해 남은 습기를 제거할 수 있다."

매트리스에 딱 붙어서 수증기, 각질, 진드기의 유입을 차단하는 특수 커버 역시 문제가 없지는 않다. 통기성과 통습성을 염두에 두지 않은 커버는 비닐을 뒤집어씌운 것과 다르지 않기 때문이다.

청소도 논란의 여지가 많은 부분이다. 최악의 경우 바닥과 표면의 입자를 오히려 공중으로 휘날리게 하는 꼴이어서 알레르기 환자에게 정말로 해롭다. 뮌헨 공과대학교 알레르기환경센터의 독물학 교수 에린 부테르스(Jeroen Buters)는 "여러 학교를 비교해보니, 가장 청소를 많이 한 곳에서 공기 중의 입자가 가장 많았다"고 말한다. 그는 특히 알레르기 환자가 있는 가정에서는 일단 청소기부터 돌리라고 권유한다. 물론 특수 필터가 달린 청소기를 쓰는 것이 좋고, 그런 다음에 닦아야 한다. 청소할 때는 공기청정기를 가동하는 것이 가장 좋은데, 그렇게 하면 최대한 많은 먼지 입자를 붙들 수 있기 때문이다. 실제로 부테르스와 그의 동료들이 수행한 한 실험에서는 특정 공기청정기가 실내의 알레르기 부담을 약 80퍼센트 줄일 수 있다는 결과가 나왔다.

또 많은 집먼지진드기 알레르기 환자에게는 항히스타민제가 유용하다. 이 약품은 알레르기 반응의 원인인 히스타민의 분비를 억제한다. 《2021년 IGES 의약품 도감》을 보면 의료보험에서 지급한 이 약품의 액수가 무려 약 4400만 유로였다. 알레르기 환자의 비용은 앞으로 더 증가할 것으로 추정된다. 환자 7명 중 1명이 천식으로 발전하기 때문이다. 세계보건기구에 따르면 서구에서는 몇 년 전부터 환자 증가세가 멈추었지만, 대신 아프리카·남미·아시아 일부 개발도상국에서 천식 환자가 크게 늘고 있다. 전 세계적으로는 약 2억 3500만명이 천식을 앓고 있다. 전문가들은 2025년까지 환자 수가 1억 명 더 늘어날 것으로 예상한다.

특히 아동의 피해가 심각한데, 가장 잦은 아동 만성 질환에 기침 발작과 호흡 곤란이 포함될 정도다. 천식·알레르기재단(Asthma and Allergy Foundation)은 전 세계 18세 미만 아동 환자의 수를 620만 명으로 추산한다. 소아호흡기학회(Society for Pediatric Pneumology, GPP)에 따르면, 독일에서만 아동 20명 중 1명꼴로 알레르기를 앓고 있다. 적어도 10명 중 7명은 5세 전에 이미 첫 증상이 나타난다.

지금껏 학자들은 알레르기와 천식이 여러 가지 집 먼지로 인해 생길 수 있다고 생각했다. 하지만 연구 조사 결과를 보면 집 먼지의 책임은 훨씬 적다.

너무 깨끗해서 병?

이런 위생 가설은 데이비드 스트라찬(David P. Strachan)이라는 이름과 떼려야 뗄 수 없는 관계를 맺고 있다. 런던 대학교의 전염병학 교수였던 그는 1만 7414명의 영국 아동을 연구한 결과, 아이들이 많은 가정에서 알레르기 발생 빈도가 훨씬 낮다는 사실을 밝혀냈다. 그런 집에는 먼지가 아주 많은데, 그 먼지가 면역 작용을 한다는 것이다.

퍼듀(Purdue) 대학교의 우텐런(吳天人)도 같은 의견을 냈다. 엔지니어인 그는 기어 다니는 로봇을 개발해 여러 가정에서 빌려온 총 50개의 양탄자에 그 로봇을 풀어놓았다. 그리고 로봇이 기어 다닐 때 솟아오르는 박테리아, 균류 포자, 꽃가루의 양을 측정했다. 그는 비교를 위해 성인을 같은 면적의 양탄자에서 걷게 했고, 뛰어난 성능의 센서로 1초에 한 번씩 로봇과 성인 주변을 떠다니는 에어로졸의 양을 측정했다.

몇 시간에 걸친 측정 결과, 양탄자 위를 1분만 걸어도 1000~1만 개의 생물 유래 입자가 인간의 기도로 들어갔다. (로봇이 대신한) 아기는 몸무게에 비해 성인보다 3배 더 많은 입자를 들이켰다. 기어 다니면 더 많은 입자가 소용돌이치는 데다 아기는 고개를 숙이므로 먼지가 더 쉽게 기도로 들어갈 수 있다. 당연히 하부 기도(下部氣道)로도 성인보다 더 많은 입자가 들어간다.

그러나 우텐런은 전문 잡지 〈환경 과학과 기술(Environmental Science and Technology)〉에 발표한 논문에서, 그렇다고 너무 걱정할 필요는 없다고 강조한다. 연구 결과로도 알 수 있듯 아이들은 일찍부터 수많은 각종 세균과 접촉하기 때문에 알레르기와 천식에도 안전할 수 있다.

2015년 〈사이언스〉에도 이런 종류의 연구 결과 하나가 실렸다. 학자들은 2주 동안 매일 쥐에게 적은 분량의 엔도톡신(endotoxin)—박테리아 외부 세포막의 성분—을 주사했다. 엔도톡신은 마구간 먼지에 특히 많은 성분이다. 이어서 그 쥐와 엔도톡신을 주사하지 않은 쥐들을 (인간에게서도 알레르기 반응을 일으킬 수 있는) 먼지 진드기에 노출시켰다. 엔도톡신을 주사한 쥐는 알레르기 증상을 보이지 않았지만 그렇지 않은 쥐는 알레르기를 일으켰다.

폐 세포를 분석해보니 효소 A20이 보호 효과를 낸다는 사실이 밝혀졌다. 그 이유를 뮌헨 루트비히 막시밀리안 대학교의 '천식 알레르기 클리닉' 과장 에리카 폰 무티우스(Erika von Mutius)는 이렇게 설명한다. "알레르기 천식으로 이어지는 이런 염증 증가는 A20이 활성화하면 더는 진행될 수 없다. 그 효소는 하나의 유전자가 생산하는데, 그 유전자가 정상 작동하지 않으면 천식에 걸린 위험이 크다."

쥐 실험 결과는 인간에게서도 확인되었다. 농촌에서 성장한 2000명을 조사했더니 대부분이 천식이나 알레르기를 앓지 않는데, 병을 앓는 사람들은 A20이 부족했다. 무티우스의 말을 더 들어보자. "효소 자체가 활성화되어야 한다. 아직 이유는 모르지만, 마구간 먼지가 그 일을 한다. 하지만 현재 치료법이 개발 중이라 잘하면 천식과 알레르기를 막을 수 있을 것이다. 이미 전도유망한 연구 결과가 상당수 있으므로 서서히 목표를 향해 가고 있는 셈이다." 향후 5년이면 기적의 알약 '농촌 먼지(Bauernhofstaub)'를 시판할 것으로 예상된다.

먼지 두꺼비, 먼지 토끼, 먼지 양은 무엇일까?

먼지가 뭉쳐서 큰 덩어리가 되면, 나라마다 동물에 비유해 재미난 이름을 붙인다. 독일에선 '먼지 쥐', 오스트리아에선 '먼지 두꺼비(Staublurch)'라고 부른다.

영국으로 넘어가면 '먼지 토끼(dust bunny)'가 되는데, 프랑스에선 엄청 덩치가 커져서 '먼지 양(mouton de poussière)'이 된다.

먼지의 DNA

코펜하겐 동물원의 불곰이 살찐 연어를 맛나게 먹는다. 11헥타르 넓이의 곰 사육장 반대편에서 코펜하겐 대학교의 생물학자 크리스티아나 륑고르(Christiana Lynggaard)는 알레르기 환자가 집 청소를 할 때 쓰는 특수 청소기를 작동시켰다. 그런 기계에는 먼지 봉투 대신 물통이 들어 있다. 빨아들인 공기가 물을 통과하면서 먼지 입자가 그 물에 붙들린다. 륑고르는 이 특수 청소기를 이용해 그동안 불가능하다고 믿었던 일을 해내고 싶었다. 공기 중의 DNA를 빨아들인 다음, 그 샘플에서 얻은 유전자 정보가 어떤 동물종의 것인지 확인하는 일이었다.

륑고르는 당시를 이렇게 회상한다. "실험실에서 공기 샘플을 분석한 후, 내 입에서 나온 말은 딱 한마디였다. '말도 안 돼!'" 그녀가 찾아낸 것은 잘 밀폐된 건물과 사육장을 뚫고 나온 동물 49종의 DNA

만이 아니었다. '바 코딩(bar-coding)'을 통해 특정 포유류와 조류 그리고 양서류와 갑각류의 DNA도 확인할 수 있었다. '바 코딩'은 유전자 정보를 배열한 후, DNA 참조 데이터베이스에 바코드로 저장해놓은 많은 동식물종의 배열과 비교하는 방법이다. 그런 바코드는 일종의 유전자 지문으로, 하나의 대상에게만 부여한다는 점에서 마트 상품의 바코드와 유사하다.

DNA 농도는 거리가 멀어도 유의미하게 줄어들지 않는다. 몇백 미터 떨어진 곳에서 DNA를 빨아들였어도 룅고르는 곰이 먹는 연어가 어떤 종인지 알 수 있었다. 그뿐만 아니라 동물원 수족관의 물고기들이 정확히 구피라는 사실도 알아냈다. 굳이 수족관 물을 떠서 분석하지 않아도 공기 중 DNA만으로 물고기종을 확인할 수 있었던 것이다. 심지어 동물원 주변에 사는 동물들의 DNA도 찾아냈다. 산책하는 강아지 한 마리, 떠도는 고양이 한 마리, 쥐 한 마리와 다람쥐 한 마리. 그 녀석들도 동물원에 사는 동물들처럼 똥이나 털, 침, 숨결을 통해 작은 DNA 입자를 남겼다. 룅고르는 말한다. "작고 가벼워서 공중에 뜨는 모든 것이 유전자일 수 있다."

환경 DNA의 활용은 "사실상 패러다임의 전환이다". 룅고르는 'eDNA'를 이렇게 소개한다. 여기서 'e'는 영어 environmental에서 나왔다. "이제 우리는 한 번도 본 적 없는 정보에 접근한다. 세상은 진정한 DNA의 바다다. DNA는 바다에도, 땅에도 있으며, 이제 우리가 알게 되었듯 공중에도 가득하다."

물론 그 전에도 피, 침, 머리카락, 뼈, 똥, 바다, 물에서 DNA를 채취했다. 한 숟가락의 양이면 큰 호수에서 사슴이 목욕을 했으며, 작은 칼새가 지나가다가 몇 초 동안 물을 마셨다는 사실도 알 수 있었다. 하지만 지금껏 주목하지 않은 유전자 흔적이 있었다. 바로 어디서나 인간과 동물을 휘감는 구름, 즉 피부 입자, 머리카락 입자, 분비물, 입김으로 이루어진 눈에 보이지 않는 DNA 구름이다. 이것들이 먼지 입자와 결합해 우리를 둘러싼 공기로 배출된다. 이 '먼지 DNA' 입중은 그동안 시간과 돈이 많이 들던 바이오 모니터링, 즉 지구 생물 다양성 감시에 혁신을 몰고 왔다.

"이제는 굳이 라이브로 보지 않아도 동물을 파악할 수 있다." 룅고르는 말한다. 멸종 위기종인 살쾡이가 특정 숲을 배회하는가? 어떤 서식지에 나비가 몇 마리나 살고 있는가? 바람이 그것의 먼지 DNA를 샘플 채취 장소로 데려올 수 있다. 가령 날개를 퍼덕이는 나비가 흘린 입자 같은 것들을 말이다. 앞으로는 공기 흡입기를 이용해 곤충을 즉각적으로 수동(受動) 감시하는 세상이 올 것이다. 들에서도, 밭에서도 농부는 침입 해충이 닥칠 기미만 보여도 바로 알아차릴 수 있다.

곤충이 찾아와 가루받이를 해준 식물의 이야기도 들을 수 있다. 벌이 꽃에 내려앉는다. 애벌레가 잎을 갉아먹는다. 진드기가 잎을 찌르고 거미가 거미줄을 남긴다. 식물의 세상은 수천 가지 휘발성 상호 작용을 경험한다. 하지만 식물과 동물의 대다수 관계는 지금껏 기록되지 못했다. 이 생태계의 복잡성이 너무도 크기 때문이다. 그러나 이제는 살랑~ 꽃 먼지 한 톨만 날아와도 꽃의 가루받이를 해준 벌의 DNA를 찾아낼 수 있다. 코펜하겐 대학교의 필리프 프란시스 톰슨(Philip Francis Thomson)은 파리, 딱정벌레, 나비, 벌, 진드기와 접촉한 식물의 먼지를 이용해 130종 이상의 동물 eDNA를 확인할 수 있었다.

독일 트리어 대학교의 헨리크 크렌빙켈(Henrik Krehenwinkel) 교수
는 한 걸음 더 나아가 시중에서 파는 티백을 분석해 곤충 400종의
eDNA를 입증했다. 그러니까 흔히 하듯 먼지 앉은 식물의 표면이 아
니라, 잘게 잘라 말린 식물에서 eDNA를 채취한 것이다. 그의 말을
들어보자. "그 방법으로 우리는 식물의 내부에 어떤 곤충이 사는지 입
증할 수 있을 것이다." 많은 유해 곤충이 식물에 몸을 숨긴 채 널리
퍼져나간다. 크렌빙켈의 혁신은 제약 회사와 농업의 해충 연구에 큰
도움을 줄 수 있다. 나아가 인류학자들도 "과거로 돌아가 공동체가 어
떻게 변해왔는지를 이해할" 기회를 얻을 수 있다. 또 이런 '역사의 렌
즈'는 수십 년간 박물관에 보관해온 마른 식물의 eDNA를 현재 식물
의 그것과 비교함으로써 곤충 보호 노력을 지원할 수 있을 것이다.

과학 수사의 혁명

eDNA 분석은 식물이 지리적으로 어디에서 왔는지 알아낼 수 있으므
로, 범죄학에도 새 지평을 열었다. 세관은 수입 차(茶)의 실제 원산지
를 밝힐 수 있다. 차에서 가능한 일은 다른 식물에서도 가능하다. 예
를 들어, 마약이 그러하다. 식물에 불법으로 첨가한 물질도 원산지
를 추적할 수 있다. 2019년 7월부터 2021년 11월까지 유럽 전역에서
향신료 샘플 1885개를 채취해 분석했더니 오레가노(oregano)의 48퍼
센트에 의심스러운 물질이 들어 있었다. 후추는 17퍼센트, 캐러웨이

(caraway)는 14퍼센트였다. 물론 그중 대부분은 먼지였다. 또 eDNA 분석을 이용하면 불법 물질이 누구의 손을 거쳤는지도 조사할 수 있다. 모든 먼지 알갱이가 지문이 될 테니 말이다.

"먼지 한 톨만 남아 있어도 범죄를 해결할 수 있다." 프랑스 리옹 경찰국에 최초로 범죄 실험실을 설립한 과학 수사의 선구자 에드몽 로카르(Edmond Locard, 1877~1966)는 1920년에 벌써 이런 말을 남겼다. 아직 범죄 수사는—고문으로 강요했건 아니건—증언이나 자백에만 의존하던 시절이었다. 로카르는 획기적인 범죄 수사 원칙을 주장했다. 로카르의 말을 직접 들어보자. "설사 무의식적이라 해도 범인이 간 곳, 범인이 만진 것, 범인이 남긴 모든 것이 그를 고발하는 침묵의 증인이 된다. 지문이나 발자국만 그런 것이 아니다. 범인의 머리카락, 옷에서 빠져나온 실, 그가 깨트린 유리잔, 그가 남긴 도구 자국, 그가 낸 페인트의 긁힌 자국, 그가 남기거나 몸에 지닌 피 또는 정자도 마찬가지다. 그 모든 것, 그 이상이 그를 고발하는 침묵의 증인이다. 이 증인은 무슨 일이 있어도 잊지 않는다. 순간의 긴장에도 당황하지 않으며, 인간 증인처럼 집중력이 흐트러지지도 않는다. 이것은 객관적 증거다. 물리적 증거 수단은 틀릴 수 없고, 꾸밀 수 없으며, 완전히 사라질 수도 없다. 그것을 찾고 연구하고 이해하지 못하는 인간의 실수만이 그 가치를 망가뜨릴 뿐이다."

그는 《먼지 흔적의 분석(Analyse der Staubspuren)》에서 과학 수사의 기본 원칙을 주장했다. 깨끗한 접촉은 없다. 항상 무언가는 남는다! "절대 속이거나 거짓말하지 않는 유일한 증인이라는 평을 듣는 그런 침묵의 증인 중 하나가 먼지다."

작은 입자가 큰 비밀을 숨긴다

요즘에는 거의 모든 범죄 현장에서 미세모(微細毛) 붓으로 문고리 같은 매끈한 면에 철 가루, 곱게 간 알루미늄이나 검댕을 발라 숨은 흔적을 찾는다. 그런 후 그 먼지 샘플을 현미경으로 관찰해 일정한 특징을 분석해낸다.

　"법의학자들은 먼지의 오염 물질을 설득력 있는 이야기나 출생 스토리로 바꿀 수 있다." 포렌식(forensic) 아티스트 수전 셔플리(Susan Schuppli)가 9·11 테러로 무너진 세계무역센터에서 수집한 먼지에 대해 한 말이다. 연구자들은 최소 10만 개의 입자를 채취해 현미경으로 분석한 후, 그 입자의 성분을 세계무역센터 먼지 데이터 시트에 기록했다. 이 데이터를 바탕으로 법의학자들은 평균적인 샘플에 든 개별 물질의 백분율을 계산했다. 여기서 발견한 사실은 그들조차 믿을 수 없는 내용이었다. 그들의 연구 논문《세계무역센터 먼지의 현미경 분석(The Microscopic Analysis of World Trade Center Dust)》에는 먼지에서 아편의 잔재를, 그것도 대량 발견하고 놀랐던 당시의 상황이 그대로 담겨 있다. 세계무역센터에서 일한 사람들이 평균적인 미국인보다 훨씬 많은 아편을 흡입했기 때문이다. 논문의 저자 중 한 사람인 니컬러스 페트라코(Nicholas Petraco)도 "깜짝 놀랐다"는 말로 당시를 회상했다.

　세계무역센터 잔해에서 수집한 먼지 성분 중 또 한 가지 놀라운 물질은 석면이다. 수전 셔플리의 말을 더 들어보자. "금융 단지 건설 1차 시기(1966~1973)에는 항장력과 적은 비용, 높은 녹는점, 화학적 분해에 대한 저항력을 이유로 석면을 구조물에 집어넣었다. 처음 테러

공격을 받은 북쪽 타워에도 어림잡아 400톤의 석면을 사용했다."

석면은 예나 지금이나 내화성과 내구성이 뛰어난 소재로 꼽힌다. 테러가 일어나고 몇 주 동안 몇몇 기술자와 학자들은 석면 덕분에 타워의 화재가 지체되어 사람들이 피신할 수 있었던 것은 아닌지 생각했다. 그러나 사실은 그렇지 않았다. 타워가 무너지면서 석면이 미세한 입자로 부서져버렸기 때문이다. 세계무역센터 보건 프로그램 전문가들은 테러 이후 약 41만 명이 구조, 복구, 청소에 투입되었을 것으로 추정한다. 다시 셔플리의 말을 들어보자. "석면 노출로 많은 사람이 중병에 걸리거나 조기 사망했다. 미세한 입자로 변한 석면은 불길의 확산을 막지도 못했을뿐더러 오히려 독성 미세 입자가 되어 사람들의 호흡기로 들어가 질병과 죽음을 유발했다."

이 사례는 작은 입자 속에 우리 세계의 복잡한 사회경제적 관계가 어떻게 반영되는지를 너무나도 잘 보여준다. 먼지는 아무것도 숨기지 않는다.

eDNA와 바이러스

eDNA 방법은 정확한 위생 조치를 도와 바이러스 퇴치 활동을 지원할 수 있다. 지금까지는 세균이 어디까지 날아갈 수 있는지 어림짐작해 그 자료를 근거로 위생 조치를 시행했다. 그러나 공기 eDNA 분석을 이용하면 세균이 정확히 어디에서 나타나는지 알 수 있다. 따라서 위생 조치도 정확하게 그 자료에 맞출 수 있다.

eDNA는 에어로졸 입자의 바이러스가 얼마나 전염성을 유지하는지도 좀 더 정확하게 추적할 수 있다. 최근의 연구 결과를 보면, 습도와 온도 말고도 또 한 가지 요인이 중요하다. 지금껏 무시하던 요인인데, 공기 중 산(酸) 함량이 바로 그것이다. 바이러스의 전염성 기간은 산 함량에 좌우된다. 많은 바이러스가 산에 예민하다. 따라서 학자들은 질산 같은 휘발성 산을 소량 실내 공기에 추가하라고 권한다. 에어로졸의 산 함량이 늘어나면 바이러스가 더 빨리 전염성을 잃을 수 있다. 건축 기술자들은 달가워하지 않을 소식이다. 산은 건축 자재와 도관을 부식시킬 수 있으니 말이다.

꽃가루: 자연의 가장 값비싼 유혹

성직자는 대화가 신의 창조 방향으로 흘러가리라 기대했다. 그러나 1694년 6월, 그가 들어야 했던 말은 실로 충격 그 자체였다. 튀링겐의 식물학자 루돌프 카메라리우스(Rudolf Camerarius, 1665~1721)가 이렇게 호통쳤기 때문이다. "정원에서 꽃을 꺾는 것은 식물의 생식기를 자르는 짓입니다." 그것으로도 모자랐는지 그는 꽃가루의 비행을 사정(射精)에 비유해 성직자에게 충격 한 방을 더했다.

지금 우리는 꽃가루가 자연의 가장 소중한 먼지라는 사실을 잘 안다. 식물학자 안드레아스 베버(Andreas Weber)는 "식물은 하나의 거대한 생식기"라고 말한다. 동물과 달리 "식물은 그 기능을 밖으로 향하므로 모든 것이 보인다. 넘쳐나는 꽃과 씨앗, 열매의 바다에서 너무도 뻔뻔하게 거침없는 성생활을 누린다".

그러나 300년 전만 해도 식물의 성(性)은 상상도 할 수 없는 일이었다. 《성경》에는 식물의 양성성(兩性性)을 가리키는 말이 단 한마디도 들어 있지 않다. 그에 대한 성직자의 직접적 변론은 들어본 적 없지만, 아마도 1860년 식물학자 윌리엄 잭슨 후커(William Jackson Hooker)가 주장했던 내용과 크게 다르지 않았을 것이다. 그는 말했다. "많은 종이 창조의 세 번째 날 동시에 생명을 얻었다. 각자는 다른 종과 확연히 다르며, 영원히 그러할 터였다."

분명 그는 카메라리우스가 《식물의 성에 대한 편지(De Sexu Plantarum Epistola)》를 출간했다는 사실을 몰랐을 것이다. 이 책의 출간 날짜는 1694년 8월 25일이니 말이다. 식물을 바라보는 인간 관점의 역사에서 아마도 가장 중요한 날일 것이다. 2000년 동안 사람들은 식물을 무성(無性)과 정결의 화신으로 생각했다. 요즘도 첫 경험을 마친 처녀를 보며 "꽃이 꺾였다"는 표현을 쓰는 걸 보면, 완전히 없어졌다고는 말할 수 없는 관념이다.

카메라리우스는 단순한 실험을 통해 꽃가루가 열매를 맺게 만든다는 사실을 입증했다. 피마자의 수꽃술을 제거하고, 옥수수의 암술을 뗐더니 열매가 자라지 않았다.

이것으로 꽃가루가 암술머리와 만나는 것이 어떤 의미인지 밝혀졌다. 하지만 "꽃가루주머니의 알갱이에 무엇이 들어 있고, 그것이 얼마나 멀리까지 암꽃의 기관으로 밀고 들어가는지, 그 까다로운 문제를 해결하기 위해" 그는 "광학적 도구를 이용해서 살쾡이보다 더 날카로운 눈을 가진 사람들"이 나서주길 바랐다.

그 주인공이 바로 학계의 아웃사이더, 곧 베를린의 교장 선생님 크리스티안 콘라트 슈프렝겔(Christian Konrad Sprengel, 1750~1816)이었다. 그는 1793년《꽃의 구조와 수정에 관한 자연의 새로운 비밀(Das entdeckte Geheimniss der Natur im Bau und in der Befruchtung der Blumen)》에서 식물 500종의 생식 기관 배열을 자세히 설명했다.

이어 식물학자 요하네스 헤트비히(Johannes Hedwig, 1730~1799)가 식물의 향기와 색깔, 꽃꿀이 곤충을 유혹한다는 사실을 입증했다. 벌이 그러하듯 곤충에게는 꽃꿀이 꼭 필요한 식량이다. 벌은 몸무게에 비해 상대적으로 매우 많은 에너지를 소비한다. 꽃에 앉았다 다시 날아오르는 데 필요한 에너지만 해도, 점보제트기가 대서양 비행을 위해 연료통에 채운 등유의 양과 맞먹는다. 이런 벌의 연료는 꽃꿀이며, 그 꽃꿀은 꽃가루를 날라다주는 대가로 꽃에게서 받는 상이다. 벌이 꽃에 내려앉아 꽃꿀을 먹는 동안 몸에 꽃가루가 달라붙는다. 벌이 다른 꽃으로 이동하면 거기에 그 가루가 떨어진다. 꽃가루에는 점액 물질이 있어 접착력을 높인다.

이 끈적거리는 먼지가 특히 자동차 운전자에게는 귀찮은 골칫거리다. 하지만 독일자동차클럽(ADAC)의 자동차 전문가 안드레아스 회첼(Andreas Hözel)은 너무 걱정할 필요는 없다고 말한다. "꽃가루 그 자체는 자동차 페인트에 아무런 해도 끼치지 않는다"니 말이다.

그러나 22세의 한 전도유망한 식물학자에게는 그런 문제 따위를 고민할 시간이 없었다. 그는 자연의 간접 섹스에 어찌나 홀딱 반했는지 "식물은 사랑에 사로잡혔다"며 열광적 찬사를 쏟아냈다. 에세이《식물 짝짓기의 전주곡(Vorspiele pflanzlicher Begattung)》에서 칼 폰 린네(Carl von Linné, 1707~1778)는 꽃가루를 "신랑", 암술을 "신부"라고 불렀다. 또 꽃잎을 "신랑과 신부가 첫날밤을 더 우아하게 축하할 수 있도록 너무도 달콤한 향기로 적신 신방 침대"라고 표현했다.

시카고 대학교의 대프니 프레우스(Daphne Preuss)도 관찰했듯 실제로 식물의 '사랑 행위'에서는 놀라운 일이 일어난다. 꽃가루와 꽃술이 어찌나 단단하게 결합하는지 원심기로도 떨어뜨릴 수 없다. 물론 케미가 맞아야 한다. 다른 종의 꽃가루는 잘 달라붙지 않는다. 꽃이 이런 말을 하고 싶은 것 같다. "꺼져! 저리 가!"

"사랑은 바람을 타고"

풍매화(風媒花)도 최대한 같은 종의 꽃가루만 찾아오게끔 애를 쓴다. 가령 소나무는 풍매, 즉 "바람을 타고 사랑을 나눌" 때 약 500만 개의 꽃가루를 날려 보낸다. 그런데 모든 송백과 식물은 자신의 꽃가루를 다른 식물종이 가져가지 못하게끔 자신만의 황당한 공기역학적 꽃가루 구조를 개발했다. 코넬 대학교의 식물학자 칼 니클러스(Karl J. Niklas)의 말을 들어보자. "모든 종의 꽃가루는 지극히 특정한 크기, 형태, 밀도를 갖추고 있다. 이러한 요인이 기류에서 꽃가루의 행동을 결정한다." 그는 컴퓨터 시뮬레이션과 인공 꽃가루를 이용해 이런 사실을 발견했다. "그렇게 해서 공기 중에서 자기 꽃가루만 선별적으로 걸러내고 다른 꽃가루를 통과시킨다."

꽃가루의 구조는 바람의 소용돌이를 최대한 이용하고 부드러운 착지가 가능하도록 만들어졌다. 꽃가루 역시 착륙 속도를 줄일 수 있는데, 먼지 알갱이처럼 특수한 표면적—부피—비율을 이용한다. 덕분에 작은 난초 씨앗은 1초당 약 4센티미터밖에 떨어지지 않는다. 비교해보자면, 자작나무 씨앗은 1초당 60~70센티미터의 낙하 속도를 자랑한다.

풍매화 식물은 날 수 있는 꽃가루를 엄청나게 많이 생산한다. 개암나무, 자작나무, 여러 종의 풀이 특히 그러하다. 따라서 이런 풍매화 식물의 꽃가루는 재채기, 피부 자극, 눈 부종을 일으켜 알레르기 환자를 괴롭힌다.

많은 식물종은 꽃가루를 낭비하지 않으려고 '조루(早漏)', 즉 때 이른 사정을 막는 메커니즘을 개발했다. 수레국화(Centaurea cyanus)의 경우 발기해서 툭 튀어나온 수술의 끝부분이 둔감하다. 그 아래에 있는 자루만 흥분할 수 있는데, 그때그때 특정 양의 꽃가루만 분비해 곤충 몸에 달라붙도록 만들어져 있다. 필레아(Pilea)도 합리적인 양의 꽃가루를 곤충에게 발사하고, 일종의 사출기를 구비한 자주개자리(Medicago sativa) 역시 마찬가지다. 나선형으로 돌돌 말린 생식 기관이 긴장하고 있다가 필요할 때 풀어지면서 꽃가루를 분비한다.

수정을 바람에만 믿고 맡기는 식물은 전체 식물의 5분의 1에 불과하다. 다수는 곤충에게 꽃가루 전달을 맡기는 훨씬 더 안전한 방법을 택한다. 하지만 그러자면 곤충에게 뭔가를 제공해야 한다. 그래서 많은 식물종 곤충의 관심을 끌기 위해 애를 쓰는데, 심지어 꽃의 색깔을 바꾸는 방법까지 동원한다. 브라질 우림에 사는 란타나(Lantana) 연구의 선구자 중 한 사람인 프리츠 뮐러(Fritz Müller, 1821~1897)의 말을 들어보자. "이곳에 있는 란타나는 지난 사흘 동안 첫째 날에는 노란색, 둘째 날에는 오렌지색, 셋째 날에는 보라색이었다. 그런데 내가 관찰을 시작한 이후로 보라색 꽃은 아무도 찾지 않는다. 몇몇 종은 노란색 꽃은 물론 오렌지색 꽃에도 주둥이를 찌르지만, 대부분은 첫째 날의 노란색 꽃에만 주둥이를 찌른다. 내 생각에 이것은 매우 흥미로운 사례다. 꽃이 첫째 날이 저물기도 전에 떨어져버린다면 꽃차례의 모양새는 훨씬 더 볼품없을 것이다. 또 색깔을 바꾸지 않는다면 나비들이 수정을 마친 꽃에 또 주둥이를 찌르느라 많은 시간을 허비할 것이다."

그러므로 색깔이 바뀌는 것은 식물에게도, 곤충에게도 득이 된다. 붉은색과 보라색 꽃은 꽃차례의 볼품을 개선한다. 노란색은 식물이 젊어서 꽃꿀을 많이 줄 수 있다는 신호다. 꽃이 늙어 꽃꿀의 양이 줄면 색깔이 바랜다. 따라서 곤충은 색깔 변화만 보고도 꽃꿀의 양을 짐작하므로 에너지를 절약할 수 있다. 꽃꿀이 별로 없는 꽃은 아예 찾지 않을 테니 말이다.

다윈의 예언과 '무서운 질문'

그런 상호 작용은 진화를 거치는 동안 아주 멋진 사례들을 낳았다. 아마 가장 극단적 사례가 다윈난(*Angraecum sesquipalde*)일 것이다. 마다카스카르의 정글 식물인 이 난초는 하얀 꽃잎에 특이하게 생긴 꿀주머니가 달려 있다. 학명의 sesquipalde는 그 자루 덕에 붙은 이름으로 '1.5피트(50센티미터)'라는 뜻이다. 꿀주머니 길이가 그만큼 긴데, 정작 꽃꿀은 맨 아래에만 들어 있다.

찰스 다윈은 영국으로 가져와 재배한 이 '마다카스카르의 별' 중 한 그루를 분석한 결과, 그 꽃꿀을 빨아 먹고 가루받이를 해줄 정도로 혀가 긴 곤충이 분명히 있을 거라고 예측했다. 그러나 다윈의 말대로 "곤충학자들은 나의 추측을 비웃었다". 다윈의 예언이 적중해 과연 그런 종의 나방이 존재한다는 사실이 밝혀지기까지 무려 30년이 걸렸다. 녀석의 혀는 긴 꿀주머니에 들어갈 만큼 길고, 사용하지 않을 때는 관처럼 돌돌 말려 있다. 주인공은 크산토판박각시나방(*Xanthopan morgani praedicta*)으로, 학명의 praedictus는 '예언하다'라는 뜻이다. 이미 세상을 떠난 다윈을 기리는 뜻에서 붙은 이름이다.

다윈의 표현을 그대로 옮기자면, 그는 평생 "무서운 질문" 탓에 괴로워했다. 지금도 고생물학자들을 괴롭히는 그 질문은 바로 이것이다. 즉, 꽃은 언제, 어떻게 진화했는가? 꽃식물은 미친 속도로 지구의 얼굴을 바꾸어놓았다. 꽃은 우리에게 식량과 자원·의약품을 제공하며, 산과 들만 정복한 것이 아니라 우리 마음마저 차지해버렸다. 할 말이 없을 때 우리는 꽃을 내밀어 마음을 전한다.

꽃의 승전(勝戰) 행렬은 백악기에 시작되었다. 지질학의 잣대로 보면 그리 오래전은 아니다. 지구 역사를 1시간이라 가정하면 꽃은 이제 막 90초 전에 등장했으니 말이다.

양치식물과 침엽수는 이미 2억 년 전에 지상에 나타났다. 그런데도 현재는 꽃식물종의 수가 20배 더 많다. 불과 500만 년 동안 25만 종이 탄생했다. 식물학자들은 이를 '거대한 방사', 요컨대 한 종의 거대한 세분화와 특별한 환경 적응의 발전이라고 부른다.

1억 년 전 꽃식물은 쉬지 않고 옷을 갈아입으며—눈에 띄는 화관을 쓰고서—곤충의 눈길을 끌어당겼다. 특히 이제 막 탄생한 곤충종,

즉 벌의 마음을 단단히 사로잡았다. 벌은 꽃식물이 있었기에 탄생했고, 꽃식물은 다시 벌과 곤충의 도움이 있었기에 지구를 정복할 수 있었다.

두 종의 상호 발전, 즉 공진화는 자연의 모든 것이 어떻게 서로 맞물리는지, 제일 작은 꽃가루가 어떻게 큰일을 해낼 수 있는지 잘 보여준다. 꽃가루를 노리는 동물은 곤충만이 아니다. 박쥐와 벌새도 꽃가루를 찾아다니는데, 몸집이 작다고 해서 곤충이 불리할 거라고 생각하면 큰 오산이다. 독일 본(Bonn)의 학자들이 인공 꽃꿀로 실험을 해보았더니, 몸집 큰 벌새가 작은 난초꿀벌(Euglossini)에게 쫓겨나고 말았다. 테트라고니스카속(Tetragonisca屬)의 이 침 없는 벌은 벌새가 포기하고 갈 때까지 계속해서 벌새에게 시비를 건다.

꽃은 곤충을 유혹하는 데 쓰인다는 카메라리우스의 깨달음을 이보다 더 멋지게 입증한 증거가 또 있을까?

우리의 폐는 왜 먼지로 넘쳐나지 않을까?

가만히 앉아서 자판을 두드려도, 걸어 다니거나 잠을 잘 때도 우리는 먼지 속에 있다. 그리고 쉬지 않고 먼지를 들이킨다. 그런데도 우리 폐가 먼지로 넘쳐나지 않는 것은 우리 인간이 진화를 거치며 먼지 많은 사막과 고온 다습한 숲, 곰팡내 나는 동굴, 뜨거운 사바나에 무사히 적응했기 때문이다. 우리는 놀랍도록 먼지를 잘 견디는 유기체로 진화했다. 적어도 자연의 먼지에 한해서는 그렇다. 하지만 산업화 시작 이후 새로운 먼지가 추가되었다. 바로 미세먼지다. 미세먼지는 우리가 숨을 쉴 때 폐로만 들어가는 것이 아니다. 입자가 하부 기도로 들어가 혈류를 타고 다니므로 온몸에 염증 반응을 일으킬 수 있다.

책 전갈과 먼지 일기장

영국국립도서관 직원들은 50만 권에 이르는 장서를 3년 동안 청소하지 말라는 지시를 받았다. "먼지보다 매년 실시하는 청소가 더 책에 해롭다"는 것이 피터 브림블컴(Peter Brimblecombe)의 설명이다. 그는 도서관, 갤러리, 박물관, 역사적 건물의 먼지를 관리하는 전문가다. 이들 건물이 먼지와 사투를 벌이느라 어찌나 힘들었던지 이 분야를 체계적인 학문 연구의 대상으로 삼은 것이다.

　연구를 위해서는 특히 박물관과 고성(古城)의 방문객을 대상으로 설문 조사를 시행한다. 그런데 방문객들은 먼지에 대해 모순적인 반응을 보인다. 브림블컴의 말을 들어보자. "그들은 이렇게 말한다. '와, 먼지 덕분에 역사적인 분위기가 확 살아요.' 하지만 나중에 개선할 점을 물어보면 또 이렇게 대답한다. '네, 먼지를 제대로 닦아야 할 것 같아요.' 따라서 이 모순된 바람에 적절히 대응하기란 참으로 힘들다."

관람객이 건물로 끌고 들어온 먼지를 조사했더니 이런 결과가 나왔다. 즉, 신발이 일으킨 먼지는 20센티미터 이상 올라가지 않고 보통은 금방 다시 땅에 떨어진다. 대부분의 먼지는 옷과 각질, 머리카락이다. 사람이 많이 움직일수록 옷에서 더 많은 섬유가 떨어진다.

따라서 관람객이 전시품을 지나가는 방식을 바꾸는 것도 먼지를 줄이는 방법이 될 수 있다. 관람객이 가구나 그림에서 1미터 멀어지면 먼지의 양이 절반으로 줄어든다. 따라서 브림블컴은 관람객의 재킷이 전시품에서 최소 2미터는 떨어져야 한다고 조언한다. 또 전시장의 관람 동선에 대해서도 이런 조언을 한다. "관람객이 모퉁이를 급하게 돌거나 왔다 갔다 하지 않게 동선을 짜야 한다."

유리 진열장도 한 가지 대안이다. 일반 박물관학 교본에서는 유리장을 '전시 보조물'로 소개한다. "딱 맞는 유리를 끼우면 먼지를 막아 전시품을 보호할 수 있다."

진열장이 불가능한 곳에서는 먼지 제거에 많은 시간과 에너지가 든다. 케이트 프레임(Kate Frame)은 그 사정을 누구보다도 잘 안다. 유서 깊은 왕궁 관리 전문가인 프레임은 현재 영국의 왕실 건물 다섯 채를 관리하고 있는데, 그녀의 말을 들어보면 매일 40시간의 청소가 필요하고, 그 시간을 비용으로 환산하면 연간 15만 유로가 넘는다.

한편으로는 청소기가 표면에 살짝 닿기만 해도 오래된 벽 양탄자가 긁히거나 실이 빠질 수 있다. 고서는 꺼냈다 제자리에 돌려놓기만 해도 책등 같은 곳이 상할 수 있다.

하지만 먼지는 닦아내야 한다. 베를린 자연사박물관의 포유류 수집품 보존사 슈테펜 보크(Steffen Bock)는 독일 공영 라디오 방송의 〈도

이칠란트풍크(Deutschlandfunk)〉에 출연해 이렇게 설명했다. "먼지가 정보를 뒤덮고 색깔을 흐리며 구조를 가립니다. 그래서 각 수집품의 개별 특징을 볼 수 없게 되지요. 가령 포유류 수집품 중 손 글씨로 정보를 적어놓은 두개골이 있습니다. 그 위에 먼지가 쌓이면 정보를 읽을 수 없겠지요. 그런 물건은 카탈로그에 기재할 수조차 없습니다. 그러니 먼저 청소를 해야 합니다. 우리는 3년 전에 뿔 수집품 청소를 시작했습니다. 약 4600점의 수집품을 전부 다 가져다가 닦는 데 실제로 3년이 넘게 걸렸죠."

서식 공간 도서관

자연사박물관은 '박물관딱정벌레'하고도 싸워야 한다. "녀석들이 제일 좋아하는 건 너무 오래되지는 않았지만 먼지가 자욱한 박제다." 자연사박물관의 딱정벌레 전문가 요아힘 빌레르스(Joachim Willers)가 일간지 〈타게스 슈피겔(Tagesspiegel)〉에서 한 말이다. "생명력이 정말로 대단하다. 달리 먹을 것이 없으면 자기 애벌레 껍질까지 먹어치운다. 그마저 없으면 먼지도 먹는다." 1706년 칼 폰 린네는 몸길이 2~3밀리미터인 알락수시렁이(*Anthrenus museorum*)를 발견해 기록했다. 그중 한 종을 '베를린딱정벌레'라고 부르는데, 유독 베를린 박물관의 전시품을 좋아해서 수집품을 안에서부터 파먹어 들어가 가루로 만들기 때문이다. 이 녀석이 나타났다는 기미가 보이면 직원들은 수집품 보관 상자를 두 번 급냉동시킨다. 한 번 냉동해서는 알이 살아남는다. 시베리아나 라플란드(Lapland: 스칸디나비아반도와 핀란드의 북부, 러시아 콜라반도를 포함한 유럽 최북단 지역—옮긴이)의 영하 20도에서도 살아남는 놈들이니 말이다. 상자를 냉동 칸에서 꺼내두면 알이 봄인 줄 착각하고 부화해 성장한다. 이때 다시 상자를 냉동 칸에 넣으면 녀석들도 이 갑작스러운 2차 빙하기는 견디지 못한다.

도서관 역시 해충으로 골머리를 앓는다. 책갈피 사이에 '책 전갈'이라고도 부르는 집의사전갈(house pseudoscorpion, *Chelifer cancroides*)이 숨어 있을 수 있기 때문이다. 이 몇 밀리미터 크기의 '가짜' 전갈은 집게발이 달렸어도 위험하지는 않다. 오히려 도서관에서는 이 녀석들의 등장이 중요한 신호이기도 하다. 이것들이 책벌레〔먼지다듬이(*Liposcelis*)〕를 먹고 살고, 책벌레는 다시 곰팡이를 먹고 살기 때문이다. 곰팡이는 도서관의 책뿐만 아니라 직원들에게도 위험하다. 독일의 기록실, 도서관, 복원 작업실에서 일하는 110명의 직원을 조사했더니, 일반인이 호흡하는 공기에 비해 그 공간의 공기에 곰팡이 균류가 더 많았다.

그러니 먼지만 닦는다고 해결될 문제가 아니다. "우리가 진정으로 원하는 것은 먼지 제거의 기본 공식이다. 최적의 청소 간격이다." 앞에서 소개한 먼지 전문가 피터 브림블컴은 이렇게 말한다. "우리가 아는 바로, 일반적인 유서 깊은 건물에서는 먼지가 약 3퍼센트쯤 되면 표면 청소가 필요하다고 생각한다. 하지만 정말 그 정도에서 먼지를 닦을 필요가 있을까?" 먼지 패드―2×2센티미터 크기의 패치―를 사용하면 먼지 수집의 정도를 더 정확히 파악할 수 있다. 패드를 책장, 커튼, 벽 양탄자에 붙이고 몇 주 후 떼어 현미경으로 살펴보면 얼마나 많은 입자가 달라붙었고 어디서 온 입자인지를 확인할 수 있다.

원칙적으로 이 방법이 새로운 것은 아니다. 다만 기술은 많이 변했다. 18세기 후반에는 가사 도우미들이 먼지 일기를 적어서 언제 먼지를 닦았고 얼마나 많은 먼지가 어떤 장소에 모였는지를 아주 상세하게 기록으로 남겼다. 빅토리아 시대에는 벽난로에서 검댕이 너무 많이 나오다 보니 먼지를 숨기려고 아예 가구와 양탄자를 어두운 색깔로 골랐다.

19세기에 들어서자 베갯잇이 도입되었다. 의자나 소파의 머리 닿는 부분에 천을 대어 더러움을 방지한 것이다. 몇몇 박물관 운영자들의 요구 사항도 이런 목표를 추구한다. 투명 비닐 옷으로 관람객의 먼지가 떨어지지 않도록 하자는 것이다. 관람객에게 특수한 옷을 입히는 방안도 논의 중이다. 먼지로 인해 우리의 박물관 관람 모습도 달라질까?

왜 집 먼지는 회색일까?

오물이란 원래 있지 말아야 할 곳에 있는 것을 말한다. 하지만 먼지는 우리를 둘러싼 모든 것을 미니어처 형태로 재생산한다. 우리 집에 굴러다니는 먼지는 전 세계에서 왔다. 먼 사막에서 날아온 모래, 커피 머신에서 나온 먼지, 머나먼 별에서 떨어진 우주 먼지, 사랑에 빠진 전나무가 뿌린 꽃가루, 도로를 달리는 자동차의 타이어 조각, 머리카락, 각질 등이다. 먼지는 때로는 아주 가까이에서, 때로는 아주 멀리에서 소식을 전하는 사신이다.

집 먼지에는 색깔 섬유도 포함된다. 스웨터, 바지, 치마, 침대 시트에서 삐져나온 섬유다. 그런 알록달록한 먼지가 섞여 있는데도 왜 먼지 색깔은 칙칙할까? 독일 물리학자 구스타프 미(Gustav Mie, 1868~1957)가 그 이유를 가르쳐주었다. 20세기 초에 그는 입자가 빛을 산란하는 방식을 계산했다. 그 결과를 보면, 입자의 집합에서 작은 입자 옆에 더 큰 입자가 존재할 때는 항상 빛이 파장과 관계없이 모든 방향으로 산란한다. 이 '미 산란(Mie scattering)'을 통해 분광색이 뒤섞인다. 그래서 먼지 입자가 회색으로 보이는 것이다.

시시포스의 먼지

영국의 괴짜 작가 쿠엔틴 크리스프(Quentin Crisp)는 이런 가설을 세웠다. "집에 4년 동안 먼지를 그대로 두어서 먼지의 양이 정점에 도달하면 그 이상은 늘어나지 않고 분해된다." 크리스프는 뉴욕의 자기 아파트를 5년 넘게 청소하지 않았다. 하지만 그가 보기엔 너무나 깔끔했다.

크리스프의 정반대 끝에는 미스 힌치(Miss Hinch)라는 이름으로 활동하는 소피 힌치리프(Sophie Hinchliffe)가 있다. 이 영국 여성은 가장 영향력 있는 '클린플루언서(cleanfluencer)' 중 한 사람이다. cleanfluencer는 clean과 influencer를 결합한 신조어다. 460만 명이나 되는 팔로어들이 먼지를 닦는 미스 힌치의 모습을 지켜본다. "방금 바닥에 던져놓은 지미의 바지로 온 집 안을 닦았어요." 그녀는 인스타그램 스토리에 올린 한 영상에서 이렇게 말한다.

청소와 관련해 우리 대부분은 이 두 양극단 사이 어딘가에 있을 것이다. 몇 년 동안 청소를 안 하는 사람도 없지만, 시시포스의 노동처럼 되풀이되는 이 일을 수백만 명이 구경하는 가운데 신나게 해댈 사람도 없다. "다 했다 싶으면 처음부터 다시 시작되지요. 그리스 신화에 나오는 그 불쌍한 인물처럼 말이에요." 서부독일방송국(WDR)의 진행자 카탸 슈비글레브슈키(Katja Schwiglewski)는 한 프로그램에서 이렇게 투덜댔다. "시시포스가 신들의 노여움을 사서 무거운 바위를 산꼭대기로 올리는 벌을 받았어요. 하지만 매번 정상에 도달하기 직전 돌은 다시 계곡으로 굴러떨어지고, 시시포스는 밑으로 내려가 다시 시작해야 합니다. 도무지 끝날 것 같지 않은 고단한 노동을 비유한 거겠지요."

프랑스 작가이자 철학자 알베르 카뮈(Albert Camus, 1913~1960)는 우리에게 시시포스를 행복한 사람으로 여기라고 요구한다. 그는 시시포스를 삶의 알레고리(allegory: 어떤 추상적 관념을 드러내기 위해서 구체적인 사물에 비유해 표현하는 수사법―옮긴이)로 이해한다. 인간은 헛되이 의미를 찾지만, 영원히 변치 않는 인생을 받아들여야 한 조각의 자유를 되찾을 수 있다. 바꿀 수 없는 상황은 받아들여야 한다. 그리고 우리가 바꿀 수 있는 결정을 내려야 한다. 우리는 그저 묵묵히 나아갈 뿐이다.

심리 연구 결과를 보면 카뮈의 말이 옳다. 설문 조사 결과, 57퍼센트가 청소를 하면 만족감이 든다고 대답했다. 요컨대 청소에는 치유 효과가 있는 것 같다. 먼지를 닦고 나면 마치 심리 치료를 받고 난 후처럼 기분이 확연히 바뀐다.

독일 시장조사연구소 '라인골트 살롱(rheingold salon)'의 조사 결과 역시 비슷하다. 라인골트 살롱의 창립자이자 대표인 옌스 뢰네커(Jens

Lönneker)는 이렇게 말한다. "청소는 일상을 견디고 무력감과 스트레스를 이겨내도록 도와준다. 우리는 청소의 새로운 힘을 목격하고 있다. 청소는 집을 정돈하는 효과적 수단일 뿐 아니라 마음을 안정시키는 소중한 도우미다."

다섯 가지 청소 타입

독일 바디케어세제산업협회(IKW)의 조사 결과 나온 다섯 가지 청소 타입은 어떤 심리적 이유에서 비롯된 것일까?

'완벽주의자'는 청결과 질서를 사랑한다. 그래서 모든 것이 완벽하게 깨끗해야 하고 바르게 정돈되어 있어야 한다. 더러운 곳이 생기면 바로바로 치운다.

'은폐형'은 모두가 볼 수 있는 곳의 정돈에 우선순위를 둔다. 그래서 누가 봐도 어질러졌거나 더러운 곳은 청소하지만, 거기에 들이는 노력은 최소화하려 한다.

'지배자'는 정작 청소는 안 하면서 자기보다 청소 잘하는 사람은 이 세상에 없다고 자부한다.

'처세가'는 청소에 관한 한 누구보다 느긋하며, 청결을 바라보는 관점은 사람마다 다르다고 생각한다. 당연히 정리 시스템도 자기만의 스타일을 개발한다.

'감시꾼'은 남모르는 지배자라고 부를 수 있겠다. "이들 역시 제대로 된 청소법은 자기만 안다고 굳게 믿는다."

청소는 글쓰기나 요리처럼 기술이므로 계속 발전한다. 예전에는 집마다 정원이나 마당에 카펫 걸이가 놓여 있어 거기에 카펫을 걸쳐놓고 카펫 먼지떨이로 탁탁 털었다. 카펫 롤러도 많이 사용했는데, 이 제품은 1970년대까지도 청소 도구로 쓰였다.

가구는 솔이나 먼지떨이로 먼지를 털어냈다. 먼지떨이의 소재는 합성 섬유, 자연 섬유, 깃털이다. 셋 다 섬유와 깃털에서 정전기가 발생해 먼지를 끌어당긴다. 먼지를 수집한 후 먼지떨이를 흔들면 먼지가 다시 떨어진다.

요즘에는 대부분 진공청소기를 사용해 집 먼지를 제거한다. 물론 요즘 제품들은 런던 교량 건설 기술자 허버트 세실 부스(Hubert Cecil Booth)가 발명한 최초의 청소기와는 아무런 공통점도 없다. 1901년 부스는 손수건을 입에 대고 양탄자 위를 기어가면서 공기를 들이마셨다. 양탄자의 먼지가 손수건에 달라붙는지 알고 싶었기 때문이다. 이어서 그는 송풍기로 의자의 먼지를 세게 날려 양철통 속으로 밀어 넣었다. 부스는 빨아들이는 쪽이 더 효과가 뛰어나다는 사실을 깨달았다.

그 후 부스는 진공 펌프 특허권을 신청했다. 그런데 같은 시기에 미국인 데이비드 케니(David T. Kenney)가 최초의 진공청소기를 제작했다. 몇 년에 걸친 권리 다툼 끝에 최초의 특허권은 부스에게로 돌아갔다. 하지만 그의 청소기는 두 사람이 있어야만 사용할 수 있었다. 진공청소기의 성공에 크게 이바지한 이는 오하이오주 캔턴(Canton) 지역의 건물 관리인 제임스 머레이 스팽글러(James Murray Spangler)였다. 천식 환자인 그는 먼지를 빨아들일 뿐만 아니라 회전하는 빗자루와 두드리는 돌기까지 붙은 기계를 제작했다. '후버(Hoover)'라는 이름의 작은 가죽 제품 공장이 특허권을 사들여 그의 진공청소기를 제작했고, 세계적인 성공을 거두었다. 그래서 지금도 영국에선 진공청소기를 돌린다는 말을 'hoover'라고 표현한다.

초기의 청소기 광고는 위생을 강조했다. 가령 송풍기에 필터를 달아 세균을 막는 식이었다. 1960년대에는 심지어 세균 박멸을 위해 살균제 DDT로 먼지 주머니를 처리한 제품도 판매했다.

1983년 영국인 제임스 다이슨(James Dyson)은 번거롭게 먼지 주머니를 교체할 필요가 없는 (주머니 없는) 청소기 모델 G-Force를 개발했다. 청소는 아주 간단하다. 물로 씻을 수 있는 필터가 미세먼지를 잡아준다.

21세기 초에는 로봇 청소기가 인기를 끌었다. 로봇이 센서를 이용해 자동으로 바닥을 비질하고 먼지를 빨아들인다. 배터리가 떨어지면 알아서 제 집으로 굴러가 충전한다. 그러나 다이슨이 11개국 1만 2309명을 대상으로 설문 조사를 했더니 대부분 매트리스와 소파 청소에는 여전히 진공청소기를 더 선호한다고 대답했다.

또 이런 온갖 기술에도 대다수는 여전히 젖은 걸레를 청소 도구 넘버원으로 꼽는다. 다이슨의 미생물학연구소 선임연구원 모니카 스투첸(Monika Stuczen)은 이렇게 말한다. "젖은 걸레를 사용해 표면을 닦는 것은 괜찮지만, 청소 도구의 사용 순서가 중요하다. 먼지가 있는 채로 바닥을 닦으면 맨눈에는 안 보이지만 오히려 집먼지진드기와 곰팡이 증식에 유리한 생활 환경을 조성할 수 있다." 따라서 청소기를 먼저 돌린 후 표면을 걸레로 닦는 것이 가장 효율적인 청소 방법이다.

뮌헨 공과대학교 알레르기환경센터의 독물학 교수 예륀 부테르스는 "눈에 보이는 바닥 먼지는 그렇게 해롭지 않다"고 말한다. 그런 큰 입자는 우리가 호흡할 때 들이마시지 않는다. 그보다는 공중에 떠다니는 먼지가 훨씬 더 위험하다. 알레르기 유발 물질은 물론 작은 미세먼지 입자까지 먼지에 실려 우리 기도로 들어올 수 있기 때문이다. 그래서 그는 이렇게 청소하라고 권한다. "양탄자가 깔린 바닥은 일주일에 여러 번 미세먼지 필터가 달린 진공청소기로 밀고, 매끈한 바닥은 일주일에 한두 번 젖은 걸레로 닦는 것이 좋다."

식물이 공기를 정화한다

식물은 먼지를 붙들고 실내 습도를 높인다. 흡수한 물의 약 97퍼센트를 증발시켜 다시 주변으로 돌려주기 때문이다. 시드니 공과대학교에서 수행한 한 연구 조사 결과를 보면, 많은 식물은 심지어 유해 물질을 정화할 수도 있다. 100ppm이던 유해 물질 농도를 최대 70퍼센트까지 줄였다. 나뭇잎뿐 아니라 땅속뿌리와 미생물도 공기 정화에 이바지한다.

NASA의 한 조사 결과에 따르면, 가정에서 많이 키우는 스파티필룸(*Spathiphyllum*)이 공기 중 먼지와 유해 물질을 가장 잘 제거했다. 따라서 공기 질 개선 능력이 가장 탁월했다.

이 식물은 키우기가 쉽다. 햇빛이 많이 필요하지 않기 때문에, 욕실이나 지하실에서도 잘 자라고 곰팡이 방지 효과도 있다. 두 번째 능력자는 아레카야자였다. 이 식물 역시 공기 여과 및 정화에 뛰어난 효과가 있었다.

네덜란드 왕립응용과학연구소는 인간에게 얼마나 많은 식물이 필요한지를 연구한 결과, 12제곱미터당 최소 중간 크기 정도의 식물 한 그루를 키우라고 권한다.

자리가 부족할 경우 취리히 응용과학대학에서 개발한 식물 재배 시스템 '버티컬스(Verticals)'가 해결책이 될 수 있다. 벽에다 각종 식물을 키울 수 있는 재배 시스템으로, 장착한 물통에 사람이 물을 부으면 되기 때문에 전기를 전혀 쓰지 않는다. 이 시스템은 모세관 현상을 이용한다. 관이 좁을수록 물이 높이 올라간다.

전문가들은 실내 식물도 정기적으로 먼지를 닦아주라고 권한다. 그러나 모든 식물이 그걸 좋아하는 건 아닌 데다 심지어 잎을 닦는 게 식물에 해로울 수도 있다. 많은 식물의 잎에는 햇빛이 직접 투과하지 않도록 막아주는 특수막이 있다. 다육 식물도 그런 것 중 하나다.

식물이건 액세서리건 가구건 예전에는 집기로 그득한 집을 잘 사는 가정이라고 생각했지만, 요즘은 최대한 크고 최대한 텅 빈 실내 공간을 선호한다. 자기 집 안에는 물건을 용납할 수 없다는 사람들을 위해 제공하는 '물건 돌봄 서비스'도 있다. 베를린 잡동사니박물관(Museum der Dinge)에서 1년에 40유로의 가격으로 그런 서비스를 제공한다. 돈을 낸 회원은 언제라도 박물관을 찾아가 자기 물건을 만지고 먼지를 닦아줄 수 있으며, 돌봄 증서도 받는다.

현재는 티 머신(tee machine) 한 대, 받침 포함 바겐펠트(Wagenfeld) 소스 그릇 하나, 장난감 전화 한 대, 실리콘 가슴 하나가 돌봐줄 주인을 기다리고 있다.

먼지는 절대 사라지지 않을까?

빗자루와 쓰레받기로 먼지를 쓸어본 사람이라면 알 것이다. 먼지는 천하무적이다. 무슨 짓을 해도 항상 남는다. 크기가 작아질 뿐 절대 사라지지 않는다. 다큐멘터리 영화 〈먼지〉의 감독 하르트무트 비톰스키(Hartmut Bitomsky)는 말한다. "먼지는 굴복하지 않는다. 우리가 모든 것을 도구화할 수는 없다."

우리의 청소 활동을 거부하는 것은 '엔트로피'의 결과다. 이는 독일 물리학자 루돌프 클라우시우스(Rudolf Clausius)가 1865년 물리학에 들여온 개념으로, 열역학과 관련이 있다. 이 말의 기원은 18세기와 19세기 유럽에서 산업혁명을 추동했던 증기 기계를 이해하려는 노력에서 비롯되었다. 프랑스 기술자 사디 카르노(Sadi Carnot)는 열은 항상 더 추운 지역으로 이동하려는 경향이 있다는 사실을 깨달았다. 이 성향에 저항하려면 추가로 열이 필요하다.

뜨거운 곳에서 차가운 곳으로 향하는 이런 이동은 우주 기본 동력의 표현이다. 엔트로피로 측정한 무질서는 계속 증가한다. 세세한 부분은 아무 역할도 하지 못한다. 열은 계속해서 흐르고, 버려진 동전은 점점 더 지저분해지며, 불타는 장작은 재가 된다. 스웨터는 보푸라기가 일기 시작하고, 자동차는 녹슬기 시작한다. 보푸라기가 다시 스웨터가 되고, 녹이 다시 자동차로 되돌아가는 일은 지금껏 보지 못했다. 그 무엇도 알아서 수리되는 것은 없지만, 모든 것은 알아서 절로 망가진다. 그리고 그 과정에서 먼지를 남긴다.

잠깐! 미세먼지 가나다

포뮬러 1 선수 제바스티안 페텔(Sebastian Vettel)은 2022년 오스트리아 그랑프리에서 겨우 12등으로 결승점을 통과했다. 그런데 타고 온 애스턴 마틴(Aston Martin)의 조종석에서 내려 헬멧을 벗은 그의 얼굴이 영락없는 굴뚝 청소부였다. 얼굴이 온통 먼지로 새까맸다. 앞서 달리던 자동차의 브레이크 먼지와 자기 차 브레이크의 카본 탓이었다.

그의 뺨에 달라붙은 검은 입자가 그렇게나 많은 적은 그날이 처음이었다. 브레이크 먼지가 전보다 더 많이 조종석 방향으로 날아왔기 때문이다. 국제자동차연맹(FIA)의 새 규정에 따라 2022년 시즌에선 앞축-카본-브레이크의 지름이 278밀리미터에서 330밀리미터로 커졌다. 당연히 더 커진 디스크에서 더 많은 카본이 떨어졌다. 더구나 배출된 브레이크 먼지가 밖으로 나가지도 못했다. 새 규정에 따르면 환기 시설이 바퀴 안쪽 면에 붙어야 하므로 먼지가 곧바로 조종석으로 유입된 것이다.

페텔은 스카이(Sky) 방송에 출연해 이렇게 호소했다. "카본 먼지를 들이켜면 건강에 안 좋습니다. FIA가 서둘러 손을 써주셨으면 좋겠습니다. 이런 규정은 의미도 없고 또 바꾸기도 쉬우니까요."

맞는 말이다. 이는 전직 그랑프리 선수 미코 살로(Miko Salo)가 20년 전에 이미 지적한 바 있는 문제였다. 포뮬러 1에서 은퇴한 후 2002년에 수술을 받은 그의 폐에서는 고함량의 탄소 먼지가 발견되었다.

자동차 경주 선수들만의 문제인 것 같지만, 이것은 사실 수백만 명이 매일 겪는 위험이다. 그동안 배기가스는 꾸준히 감소했지만, 마모된 타이어 조각과 브레이크 먼지의 배출량은 오히려 늘어났다. 이 먼지에다 마모된 아스팔트 조각을 추가하면 전체 미세먼지 배출량의 거의 60퍼센트를 차지한다. 독일에서 1년 동안 대기를 떠다니는 입자를 철도 화물 차량에 싣는다면 3700대를 채울 수 있다. 이 입자 중 다수가 미세먼지다. 미세먼지는 떠다니는 입자의 지름이 10마이크로미터보다 작다. 이런 크기의 물질을 전문 용어로 '입자성 물질(particular matter, PM)'이라고 부른다. 가령 'PM 10'에서 숫자는 마이크로미터로 표기한 입자의 최대 크기를 말한다. 그러니까 PM 10의 크기는 1만 분의 1밀리미터다. 비교하자면 사람 머리카락 지름은 70~100마이크로미터다.

유럽연합은 새로운 규정을 제안했다. 2030년까지 미세먼지 PM 2.5를 지금의 1제곱미터당 25마이크로그램에서 10마이크로그램으로 줄이겠다는 것이다. 미세먼지는 최대 14일까지 공기 중에 남아 있고, 출처도 매우 다양하다. 아래에서 그 미세먼지의 이모저모를 살펴보자.

능률 저하

미세먼지는 능률을 떨어뜨린다. 독일 본에 있는 '노동의 미래 연구소(IZA)'가 축구 선수들을 연구해 밝혀낸 사실이다. 12년 동안 3000번가량 분데스리가 경기에 참여한 1700명 넘는 축구 선수를 대상으로 능률 평가를 시행했더니, 경기장의 미세먼지가 많을수록 패스 횟수가 줄어들었다.

독감

독일항공우주센터와 독일 공영보험(AOK) 바덴뷔르템베르크 지사가 공동 수행한 대규모 연구 조사 결과, 미세먼지가 심하면 독감에 자주 걸린다. 미세먼지 입자 농도가 2배로 늘면 통계적으로 독감 발생률도 2배로 오른다. 물론 기온과의 연관성이 더 높기는 하다. AOK 바덴뷔르템베르크 지사의 요하네스 바우에른파인트(Johannes Bauernfeind) 지사장은 이렇게 말한다. "기온이 특히 낮고 미세먼지 농도가 특히 높은 지역에서 독감에 걸릴 위험이 가장 크다."

미세먼지 접착제

추운 계절이 오면 미세먼지 문제는 형태를 달리한다. 차가운 공기가 따뜻한 공기에 뒤덮인다. 먼지 입자로 가득한 공기가 뚜껑 덮인 냄비 속처럼 꼼짝없이 갇히는 것이다.

독일의 경우, 그런 현상이 가장 심한 곳은 바덴뷔르템베르크주의 수도 슈투트가르트다. "슈투트가르트에서는 미세먼지 경보가 계속해서 울려요. 누가 좀 구해주세요." 슈바벤(Schwaben) 지방의 래퍼 MC

브루달(MC Bruddaal)은 이런 가사로 도시의 만성적 문제를 세상에 알렸다. 특히 네카르토어(Neckartor)의 미세먼지 오염도는 전국 최고다. 시 당국은 화학 제품으로 이 미세먼지 문제를 해결하려 한다.

러시아워가 시작되기 전에 '미세먼지 접착제'를 도로에 살포하는 것이다. 이 칼슘-마그네슘-아세테이트(CMA)가 자동차로 인해 발생한 미세먼지를 도로에 붙잡아두면 나중에 물로 씻어낸다. 독일의 할레(Halle)와 오스트리아의 클라겐푸르트(Klagenfurt)에서는 이미 시범 사업을 마쳤고, 최대 30퍼센트의 미세먼지 절감 효과를 거두었다. 그러나 슈투트가르트의 환경과 과장 요아힘 폰 침머만(Joachim von Zimmermann)의 고백처럼 "모든 화학 제품이 그렇듯 위험이 전혀 없다고는 말할 수 없다".

미세먼지 필터

세계적인 필터 제조 기업 만앤휴멜(Mann+Hummel)은 미세먼지를 빨아들이는 필터 큐브를 개발해 슈투트가르트에서 성공적으로 시험을 마쳤다. 현재 세계 각국에 400대 넘는 필터 큐브가 설치되어 1시간당 20억 리터에 가까운 공기를 정화하고 있다. 410만 명이 들이마실 수 있는 깨끗한 공기에 해당하는 양이다.

이 기업이 아우디와 파일럿 프로젝트를 통해 개발한 전기 자동차 미세먼지 필터 역시 이런 고정식 필터 시스템과 비슷하게 작동한다. 이 '도심 청정기'는 차량이 움직일 때마다 수동으로 먼지를 걸러준다. 공기가 필터 시스템을 통해 흘러가는데, 진공청소기와 비슷하게 입자만 필터에 남고 공기는 통과해 지나간다. 지금까지는 아우디 e-트론

(Audi e-Tron) 타입의 시범 차량에만 장착하고 있다.

그라츠(Graz)의 오스트리아 우체국도 비슷한 시스템을 실험 중이다. 메르세데스 벤츠 e스프린터(Mercedes Benz eSprinter) 두 대를 시범 운행 중인데, 우편배달을 하면서 대기 미세먼지도 여과한다. 약 60일의 운행 기간 동안 미세먼지 필터로 6400밀리그램의 대기 먼지를 흡수했다.

유럽 22개 도시에서는 'DEUS Smart Air' 프로젝트로 미세먼지 오염도를 측정하고 있다. 특수 센서를 장착한 버스들이 미세먼지 입자를 실시간 측정한다. 버스 지붕에 달린 기계가 12초에 한 번꼴로 측정하는데, 일반적인 교통량에선 100미터에 한 번꼴이다. 프라운호퍼(Fraunhofer) 교통·기간시설시스템연구소 같은 전문 연구 기관에서 이 데이터를 전송받아 평가한다.

백금

"자동차 배기가스의 입자 중 다수가 백금과 금이다. 따라서 도로의 먼지만 제거해도 공기가 많이 정화된다." 지질학자 헤이즐 프리처드(Hazel Prichard)의 말이다. 그녀는 "값비싼 백금 함유 촉매를 장착한 자동차가 많은" 영국 카디프(Cardiff))의 부촌에서 "귀금속 농도가 특히 높다"는 사실을 밝혀냈다.

벽난로

독일 환경부의 조사 결과에 따르면, 아늑한 벽난로 한 대가 1시간 동안 배출하는 먼지는 최대 500밀리그램이다. '유로 6'가 정한 배기가스 규정에 따라 승용차로 100킬로미터를 달렸을 때 나오는 양과 거의 맞먹는다.

독일 전역에는 약 620만 대의 벽난로, 120만 대의 타일 난로, 90만 대의 펠릿(pellet) 난로가 있다. 이것들이 연간 배출하는 미세먼지는 독일 전역에서 운행 중인 6000만 대의 승용차와 화물차가 배출하는 양을 합친 것보다 많다. 그래서 '카를스루에 기술연구소(KIT)'에서 입자를 연구하는 아힘 디틀러(Achim Dittler) 교수는 벽난로를 "최고급 환경 오염, 거실의 작은 산불"이라고 표현한다. "나무 장작을 연료로 쓰는 화목 난로에 비하면 자동차와 화물차는 그사이 정말 깨끗해졌다. 배기가스 정화 시스템을 통해 연소 엔진의 유해 가스 및 입자 배출이 매우 효과적으로 줄었기 때문이다."

그런 시스템을 간단히 굴뚝에 설치하지 못하는 이유는 바람 때문이다. 배기관에서는 압력이 지배적이지만 굴뚝에선 상당히 약한 자연 바람만 지나다닌다. 따라서 정전기 분리기밖에는 설치할 수 없는데, 그것이 오래전부터 차량에 설치해온 "막힌 입자 필터보다 효과가 훨씬 떨어진다. 그래서 나무 난로 연기의 입자를 거르기 위해 그런 필터 시스템을 설치하려면 기술적으로 너무 어렵다".

독일 전체 미세먼지 배출량에서 나무 연료의 비율은 연간 10퍼센트, 겨울에는 최대 20퍼센트에 이른다.

2024년 12월 31일 이후부터 2010년 이전에 설치한 모든 벽난로는 사용할 수 없다. 새로운 규정에 부합하지 않는 과거 모델은 모두 철거해야 한다.

브레이크 먼지

좋은 소식부터 시작하자. 유럽연합이 브레이크 먼지의 배출량에 관심을 보이기 시작했다. '유로 7' 규정에 따르면, 향후 차량은 1킬로미터당 최대 7밀리그램까지만 브레이크 먼지를 배출할 수 있다. 유럽 운송·환경연합에 따르면, 그 정도 제한 수치면 아직은 브레이크 먼지를 수집하는 특수 필터나 다른 장치가 별도로 필요하지 않다. 하지만 브레이크 먼지를 줄이기 위한 기업들의 노력은 계속되고 있다. 보쉬(Bosch)는 브레이크 제품 'iDisc'을 시장에 선보였다. 일반 주철 브레이크 디스크를 특수 처리한 후 그 위에 텅스텐 카바이드(tungsten carbide)로 만든 강한 금속 코팅제를 입혀 제동 시 발생하는 미세먼지를 크게 줄인 제품이다. 제조사는 최대 90퍼센트까지 줄일 수 있다고 주장한다. 텅스텐 카바이드는 주철보다 10배 더 강도가 높지만 대신 3배 더 비싸다. 따라서 이 PSCB(Porsche Surface Coated Brake)는 포르쉐 카이엔 모델에만 장착·판매된다.

필터 전문 기업 만앤휴멜 역시 나름의 방식으로 미세먼지 저감에 힘쓰고 있다. 이 기업이 개발한 수동 필터 시스템은 브레이크 디스크 윗면에 붙은 케이스로 미세먼지를 모은다. 프랑스 기업 탈라노(Tallano)는 차량 감속 시 발생하는 브레이크 시스템 배출 미세먼지의 흡입/필터링 시스템을 개발했다. 브레이크 패드 표면에 공기 채널과 흡입 홀을 가공해 차량 내부에서 필터링하는 구조다. 마지막으로 독일항공우주센터는 분진을 100퍼센트까지 걸러내는 브레이크 디스크 오일 배스 베어링을 제안한다.

그래도 나쁜 소식은 여전하다. 보통의 브레이크 디스크와 브레이크 패드는 최대 200가지 물질로 만든다. 그중에는 철, 구리, 바륨도 포함된다. 그래서 브레이크 디스크와 브레이크 패드가 충돌할 때 기계적 마찰로 인해 지름이 최대 2.5마이크로미터인 미세 금속 입자와 최대 10마이크로미터인 굵은 입자가 생겨난다. 포드(Ford) 공장과 벨기에 부퍼탈 대학교에서 시뮬레이션해본 결과, 로스앤젤레스의 대표적 택시 운행 구간에서 1킬로미터당 약 5밀리그램의 미세먼지가 발생했다. 독일의 경우로 환산해보면, 2020년 한 해에만 약 5780억 킬로미터의 승용차 운행 구간에서 족히 1만 1200톤의 브레이크 먼지를 배출했다는 얘기다.

더 나쁜 소식도 있다. 지하철도 브레이크 먼지를 일으킨다. 열차가 정류장으로 다가올 때 브레이크 먼지가 공기 중에 떠오르는데, 이 금속 입자는 너무 작아서 인간의 혈관에까지 침투할 수 있다. 2022년 말 케임브리지 대학교의 조사 결과에 따르면, 런던 지하철은 연간 13억 5000만 명이 이용한다.

뼈

대기 오염에 주기적으로 노출되는 사람은 그렇지 않은 사람보다 2배 더 빨리 골밀도가 낮아진다. 컬럼비아 대학교 공공보건 대학원의 연구 결과에서 밝혀진 것처럼, 특히 갱년기를 지난 여성의 경우에는 배기가스가 골 위축을 일으킬 수 있다.

사망

미세먼지는 조기 사망의 주요 원인 중 하나다. 연방환경부의 추산에 따르면, 독일에서 연간 4만 5000명이 미세먼지로 인해 조기 사망한다. 유럽환경청(EEA)에 따르면, 2020년 유럽에서는 약 24만 명이 미세먼지로 인한 대기 오염 때문에 조기 사망했다. 전 세계적으로는 사망자가 약 650만 명에 이른다.

누가 정확히 공기 오염으로 인해 사망했는지 입증하기는 힘들다. 하지만 2.5마이크로미터보다 작은 부유 입자가 천식, 기관지염, 폐렴, 뇌졸중, 심근경색, 당뇨의 발병률을 높인다는 사실은 이미 밝혀졌다. 영국 학자들의 보고에 따르면, 미세먼지 오염은 심리 및 신경 질환의 원인이기도 하다.

선박

미세먼지, 검댕, 연료로 사용하는 중유…… 화물선과 크루즈선이 배출하는 온실가스는 전 세계 배출량의 약 3퍼센트를 차지한다.

지금도 대부분의 선박이 바다 한가운데에서 고(高)독성 중유를 태우는데, 이때 배출되는 이산화황이 자동차 디젤 연료보다 3500배나 더 많다. 대량으로 배출되는 이산화황은 이산화탄소와 더불어 산성비를 불러온다. 또 선박에서 배출되는 산화질소는 땅을 산성화하고 바다와 해안 지역의 생태계를 위협한다. 그에 더해 선박은 대량의 미세먼지와 검댕을 대기로 뿜어낸다.

다행히 그사이 중유 대신 디젤을 사용하는 선박이 늘고 있다. '디젤 입자 필터(DPF)'를 장착하면 검댕과 미세먼지 배출을 최대 99.9퍼센트까지 줄일 수 있다.

스모그

스모그 역시 공기 오염의 한 형태이지만, 날씨와 관련이 깊다. 날이 추우면 공기가 빨리 위로 오르지 않아 미세먼지, 배기가스, 연기가 지표면 가까이에 머물러 있다.

1952년 12월 5일 런던의 스모그는 역사에도 기록되었다. 그날 기온이 이상하게 낮아서 런던 사람들은 너도나도 석탄을 많이 땠다. 영국 기상청에 따르면, 당시 매일 1000톤의 검댕 입자, 2000톤의 이산화탄소, 800톤의 황산이 배출되었다.

'완두콩 수프(pea soup)'라고 불린 이 악취 심한 노란 안개는 5일 동안이나 고기압권에 있는 런던에 머물렀다. 그 5일 동안 어림잡아 1만 2000명이 숨을 거두고 10만여 명이 병에 걸렸다. 특히 어린아이와 노인, 심장과 호흡기가 약한 사람들이 큰 피해를 보았다.

스미스필드(Smithfield) 가축 시장에선 소들이 죽어나갔다. 인구 밀도가 높은 도시 동쪽에서는 자기 발이 안 보일 지경이었다. 실내에서도 시야가 어찌나 흐렸는지 극장도 문을 닫았다. 무대가 보이지 않았던 것이다. 다행히 1956년 대기오염방지법(Clean Air Act)이 통과됨으로써 런던과 영국 대도시의 공기 질 개선 노력이 시작되었다.

안전 조치

러시아워를 피하면 외부의 미세먼지에 노출되는 위험을 줄일 수 있다. 예컨대 러시아워가 끝난 후 집을 나섰다가 러시아워가 시작되기 전에 귀가하는 것이다. 러시아워를 피할 수 없다면 마스크를 착용하는 것이 좋다.

실내에서도 러시아워를 피하면 외부 미세먼지 유입을 차단할 수 있다. 즉, 러시아워를 피해 아침 일찍, 저녁 늦게 환기시킨다.

음식을 만들 때는 후드를 켜고 부엌문을 닫아야 한다. 그래야 미세먼지 입자가 온 집 안으로 퍼지지 않는다. 벽난로에 장작을 넣을 때는 문을 얼른 닫아 미세먼지가 새어나오지 못하게 막아야 한다.

양초

양초는 실내에서 발생하는 미세먼지와 초미세먼지의 최대 원인이다. 타고 있는 양초 한 자루에서 1시간당 53조 개의 작은 입자가 대기로 솟구친다. 이 초미세먼지는 크기가 100나노미터보다도 작다. 특히 바람에 불꽃이 팔락이며 심한 그을음을 내뿜으면 입자의 양이 최대 30배까지 늘어날 수 있다. 양초를 붙이거나 끌 때는 훨씬 더 큰 입자가 배출되는데, 우리 눈에 보이는 연기가 그것이다.

에어로졸

'에어로졸'이라는 말은 러시아 물리학자 니콜라이 알베르토비치 푹스(Nikolai Albertowitsch Fuchs)가 1955년에 처음 사용했고, 부유하는 입자와 공기 혹은 기체의 혼합물을 일컫는다. 〈사이언스 어드밴시스(Science Advances)〉에 발표한 예일 대학교의 한 연구 결과를 보면, 이 2차 미세먼지는 특히 지면 온도가 섭씨 40도일 때부터 아스팔트 입자의 형태로 배출된다. 지면 온도가 60도에 이르면 배출량은 2배로 뛴다. 지면 온도 60도는 드물지 않은 상태다. 보통 지면 온도는 대기 온도의 2배이기 때문이다.

이끼

베를린 훔볼트 대학교의 연구 결과에 따르면, 이끼 중에서도 특히 잎과 기공이 많은 선태류가 극세사 수건 같은 작용을 한다. 먼지 입자가 이끼에 들어가면 나오지 못하는 것이다. 연구에 참여한 학자 우타 노이바우어(Uta Neubauer)가 〈노이에 취르허 차이퉁(Neue Zürcher Zeitung)〉에 발표한 내용은 이렇다. "이끼는 뿌리가 없어 잎의 표면으로 물과 영양소를 섭취하므로 미세먼지 대부분도 함께 흡수한다. 따라서 이끼는 미세먼지를 효과적으로 저감시키지만, 항상 젖은 상태를 유지해야만 제 기능을 발휘한다."

전기 자동차

전기 자동차는 일반 차량보다 도로에 최대 24퍼센트의 무게를 더 가한다. 그래서 타이어와 아스팔트 포장의 부담도 더 크다. 미국 교통부 규정에 따르면, 축 무게가 무거울수록 도로 마모는 직선이 아니라 거듭제곱으로 상승한다. 여기에 여름이면 뜨거워진 아스팔트가 에어로졸이 되어 기화하기 때문에 오염이 한층 심각해진다.

집진기

먼지 포집 장치, 즉 '집진기'도 미세먼지 해결에 앞장서고 있다. 산업용 집진기의 선구자는 독일 뤼베크(Lübeck) 출신의 빌헬름 베트(Wilhelm Beth)인데, 1886년 '역세척 정화 장치를 장착한 흡입 호스 필터'로 특허권을 받았다. 요즘의 집진기는 수동 타입과 능동 타입으로 나뉜다. 능동 타입 필터는 정전기를 이용하는 집진 시스템이다. 비쌀

뿐 아니라 전기가 필요하다. 수동 타입 집진기는 입자를 배출하지는 못하고 촉매를 사용해 배기가스로 바꿀 뿐이다. 촉매는 금속이나 세라믹으로 만들며, 가령 벽난로의 연기관 입구나 배기가스 시설 바로 앞에 장착해 필터로 연기를 거른다.

초미세 입자

초미세먼지는 지름이 100나노미터(0.1마이크로미터)보다 작아서 사람의 머리카락에 비해 700배는 더 가늘다. 미세먼지보다도 25~100배 더 작다. 그러니까 둘의 크기는 핀(pin)의 머리와 테니스공, 테니스공과 축구공의 차이에 비유할 수 있다. 초미세먼지는 부피에 비해 표면적이 매우 크므로 다환방향족탄화수소(PAH) 같은 다른 물질을 끌어모은다. 따라서 유해 물질을 체내로 데리고 들어가는 데에는 아주 그만이다. 전문가들은 이를 '트로이 목마 효과'라고 부른다.

이 입자는 산소가 혈액으로 넘어가는 지점인 허파꽈리까지도 밀고 들어갈 수 있다. 또 면역 체계의 특정 신호 물질에 과도한 반응을 유발해 천식을 일으키며, 백혈구가 이것을 박테리아로 오인해 문제를 일으키기도 한다. 미세먼지가 심장 순환계 질환을 유발한다는 사실은 2008년 베이징 올림픽 때에도 입증된 바 있다. 당시 병원에 심장 문제로 실려 오는 환자가 눈에 띄게 줄었는데, 중국 정부가 올림픽을 앞두고 몇 주 동안 공장 가동을 억제해 미세먼지의 양이 대폭 감소했기 때문이다.

초미세먼지는 두뇌로까지 침투할 수 있다. 이런 의심이 처음 등장한 것은 멕시코에서 수행한 연구 결과 덕분이다. 멕시코시티에서 사고로 목숨을 잃은 젊은이들의 두뇌를 해부했더니 노인성 질환인 알츠하이머와 같은 변화가 목격되었다. 그런데 농촌에 사는 같은 연령대의 젊은이들에게선 그런 변화가 보이지 않았다.

2022년 말에는 미세먼지와 장기 접촉한 사람들이 뇌 손상을 겪을 수 있다는 추측이 더욱 힘을 얻었다. 서울대병원의 박진호 교수는 건강 검진을 받은 3257명의 두뇌 MRI 촬영 결과를 분석해 미세먼지가 작은 뇌혈관 질환의 위험을 높인다는 사실을 입증했다.

초미세먼지에 대해서는 지금껏 제대로 된 연구 결과가 나와 있지 않다. 현재 '독일 초미세 에어로졸 네트워크(GUAN)'가 독일 전역 17곳에서 초미세먼지를 측정하고 있다. 하지만 이것 역시 다른 미세먼지처럼 무게를 기준으로 측정하기 때문에 도로 먼지, 타이어 마모 먼지, 브레이크 먼지는 어느 정도 파악할 수 있지만 디젤 입자는 가벼워서 제대로 된 측정이 불가능하다. 그러니 초미세먼지는 더 말할 필요도 없다.

타이어 마모

1년에 배출되는 전 세계 타이어 먼지에는 600만 톤의 미세 유해 물질이 들어 있는 것으로 여겨진다. 유럽연합에서만 연간 배출량이 50만 톤에 이른다. 빈(Wien) 대학교의 틸로 호프만(Tilo Hoffmann) 교수는 전 세계 미세 플라스틱의 절반이 마모된 자동차 타이어라고 주장한다.

독일 오버하우젠(Oberhausen)의 '프라운호퍼 환경·안전·에너지기술 연구소'의 랄프 베르틀링(Ralf Bertling)은 타이어는 사용한 지 3~4년이 지나면 무게가 1.5킬로그램 줄어드는 것으로 추정한다. 차량 한 대에 타이어가 4개이므로 평균 1000킬로미터당 약 120그램을 배출한다. 다행히 타이어 먼지는 미세 플라스틱 포집 장치만으로도 줄일 수 있다. 영국 스타트업에서 개발한 '타이어 컬렉티브(The Tyre Collective)'는 자동차 바퀴에 장착해 타이어에서 나오는 미세 플라스틱을 포집하는 장치다. 정전기를 이용해 빠르게 회전하는 바퀴에서 나오는 합성 고무 입자를 포집하는 원리로, 장치에 붙은 구리판을 자동차 발전기에 연결하면 정전기가 충전되고 미세 플라스틱이 구리판에 달라붙는 방식이다.

합성 자동차 타이어 고무, 충전 물질, 유연제, 도로 포장 입자의 혼합물은 어디서나 발견된다. 심해와 대기는 물론 남극과 북극에서도 발견할 수 있다. 입자가 바람에 도로 표면에서 날아오르는데, 비가 내리면 빗물을 타고 하수관으로 들어간 후 결국 강과 바다로까지 흘러가는 것이다.

국제자연보전연맹의 연구 결과를 보면, 타이어는 바다 미세 플라스틱의 28퍼센트를 차지해 합성 섬유 조직(35퍼센트)에 이어 두 번째로 큰 원인이다.

이것이 불러온 매우 극적인 사례가 바로 수십 년에 걸친 코호(Coho) 연어의 떼죽음이다. 태평양에 사는 이 연어는 알 낳을 때가 되면 워싱턴주 푸젓사운드(Puget Sound)의 강으로 돌아온다. 그런데 연어가 떼죽음을 당하는 일이 계속 발생했다. 독물학자들이 나서서 살충제나 화학 제품, 금속, 탄화수소 등을 찾아봤지만 실패했다. 질병이나 산소 부족도 원인이 아니었다.

그러던 중 학자들은 큰비가 내린 후면 연어가 떼로 죽어나간다는 사실을 알아차렸다. 수수께끼를 풀 열쇠를 드디어 찾은 것이다. 그러나 워싱턴 주립대학교의 독물학자 제니퍼 매킨타이어(Jenifer McIntyre)의 말처럼 "그 빗물에 무엇이 들어 있는지 알아내는 과정은 더 힘들었다". 그녀가 치즈 강판으로 작은 타이어 조각을 갈아서 물에 섞은 다음, 그 물에 실험용 연어를 넣자 연어가 즉사했다. 범인은 독성 화학 물질인 6PPD-퀴논이었다. 타이어 보존제로 널리 쓰이는 물질이다.

타이어 조각은 빗물에 실려 하수 처리장으로 들어간다. 한 연구 결과를 보면, 독일 한 곳에서만 연간 1400~2800톤의 타이어 조각이 하수 처리를 거쳐 논밭으로 유입된다고 한다.

폭죽

한 해를 마무리할 때면 너도나도 폭죽을 터뜨리는데, 그 폭죽에서 약 1000톤의 미세먼지가 배출된다. 불꽃 효과를 내려면 두 종류의 먼지가 필요하다. 검은 화약과 소금이다. 검은 화약은 로켓을 하늘로 올려 보낸다. 소금은 화학 반응을 통해 다양한 색깔의 빛을 만든다. 그에 필요한 고온은 질산염이나 과염소산염(perchlorate) 같은 산화 물질이 담당한다.

프린터

레이저 프린터에서 나오는 토너 입자는 무시할 수 있는 양이지만, 휘발성 유기 물질로 이루어진 초미세 입자는 그렇지 않다. 프라운호퍼 연구소의 학자들은 프린터의 픽서(fixer)에서 증발하는 파라핀과 실리콘 오일이 원인일 수 있다고 추정한다.

먼지: 기후 킬러인가, 기후 구원자인가

그는 입을 벌리고 말라빠진 동공을 하늘로 향한 채 누워 있었다. 나는 〈슈테른(Stern)〉의 리포터 자격으로 오스트리아 인스부르크 대학교 해부학 연구실에서 그를 처음 만났다. 신장 158센티미터의 그 작은 남자에게는 평범한 부검 번호 619/91(1991년의 619번째 부검)이 붙었지만, 5300년 동안 보존되어온 그 미라는 가장 중요한 빙하기 발굴물로 꼽힌다. 오스트리아의 학자 한 사람이 얼음에서 나온 그에게 발견 장소인 계곡의 이름을 따서 외치(Ötzi)라는 이름을 선사했다. 그곳에서 1991년 9월 말, 독일 등산객 부부가 얼음 밖으로 튀어나온 그의 상체에 걸려 넘어질 뻔했다.

그 역사적 사건의 가장 큰 공로자는 먼지다. 먼지는 고운 결정에 내려앉아 새로 내린 깨끗한 눈을 더러운 눈으로 탈바꿈시키고, 그로 인해 눈은 태양 에너지를 더 많이 흡수한다. 햇빛의 어떤 부분이 흡수 또는 반사될지는 대상의 색깔에 달려 있다. '알베도(Albedo)'라고도 부르는 반사 능력은 빙하의 중요한 특징이다. 방금 내린 눈은 빛의 90퍼센트를 표면에서 반사한다. 짓이겨진 눈은 반사율이 약 60퍼센트밖에 안 된다. 사막 먼지로 더러워지면 50퍼센트, 검댕이 묻으면 40퍼센트로 떨어진다. 〈지구물리학 연구 저널(Journal of Geophysical Research)〉에 실린 한 연구 결과에 따르면, 이런 눈이 이산화탄소 뒤를 이어 두 번째로 중요한 기후 오염원이다. 태양 에너지를 너무도 적게 반사하므로 기후 온난화에 크게 이바지하기 때문이다.

여름에 빙하의 얼음이 녹고 해조류의 포자가 수면으로 떠오르면 이런 효과는 더욱 커진다. 포자가 광합성을 하는 활성 유기체로 변하면 과도한 태양으로부터 엽록소를 지키기 위해 온갖 색소를 생산하기 시작한다. 영국 리즈(Leeds) 대학교의 생물지구화학자 리안 베닝(Liane Benning)의 말을 들어보자. "해가 아주 쨍쨍한 날, 우리는 햇볕을 쬘 때 선크림을 바른다. 엽록소가 그들의 선크림이다." 해조류가 얼음을 어두운 빛으로 물들이면 얼음은 더 많은 햇빛을 흡수해 더 빨리 녹는다. 그러면 알베도가 추가로 20퍼센트 더 줄어 자체 강화 순환 과정이 작동한다.

그렇다면 먼지가 지구의 온도를 높이는 것일까? 지금의 기후 모델이 대기 먼지의 영향력을 충분히 고려하지 않았다고 경고하는 학자들은 "그렇지 않다"고 대답한다. 입자가 검어서 햇빛을 흡수하는 검댕이 주변 공기의 온도를 높이는 것은 맞지만, 검댕은 예외다. 2023년 초 〈네이처 리뷰 지구와 환경(Nature Reviews Earth & Environment)〉에 발표된 한 연구 결과를 보면, 사하라든 고비(Gobi)든 아프리카 남서부 해안의 나미브(Namib)든 사막의 먼지는 대기에 막을 씌워 인간이 일으킨 기온 상승의 약 8퍼센트를 조정한다. 더구나 대기의 사막 먼지양은 산업화 이전 시대에 비해 약 55퍼센트 증가했다. 이 사실 역시 냉각 완충 효과에 이바지한다. 부유 입자가 없다면 이 세상의 온도는 섭씨 0.5도 더 올랐을 것이다. 지구 대기권 에어로졸의 다수를 차지하는 사막 먼지는 1950년부터 1980년까지 유럽이 아직 온난화를 겪지 않았던 이유이기도 하다.

사막 먼지의 기후 효과는 어떻게 생기는 것일까? 노르웨이의 '오슬로 국제기후환경연구센터(CICERO)' 연구원 비에른 삼세트(Bjørn Samset)는 그 이유를 이렇게 설명한다. "대기로 날아오르는 대부분의 입자는 미니어처 거울 같은 효과를 낸다." 그 입자들이 지구를 감싼 채 햇빛 일부를 우주로 반사한다. 캘리포니아 대학교의 대기물리학자 재스퍼 콕(Jasper Kok)은 사하라와 고비 사막 두 곳만 합쳐도 지구 에어로졸의 50퍼센트를 차지한다고 말한다. 그는 "대기 먼지의 모든 측면을 실제로 파악하는 최초 연구 조사"의 팀장이기도 하다. 지금껏 기후 모델은 이 사막 먼지를 일부밖에 파악하지 못했다. 따라서 콕과 그의 동료들은 사막 먼지의 양이 시간에 따라 어떻게 변하며 어떤 기후 효과를 내는지 다시 한번 정밀 조사에 착수했다.

그들이 이끼 표본과 얼음 코어 그리고 퇴적물 코어를 분석했더니, 과연 1850년 무렵 산업혁명 이전 시대에 1900만 톤이던 지구 대기권 사막 먼지의 양이 현재 2900만 톤으로 대폭 늘어났다. 55퍼센트에 이르는 이런 증가는 대부분 무려 74퍼센트나 늘어난 아시아 먼지 때문이다. 이어 46퍼센트 늘어난 북아프리카 사막 먼지가 두 번째 자리를 차지했다. 콕은 〈리뷰〉에 실린 논문에서 "지금의 기후 모델은 먼지양의 역사적 증가를 전혀 고려하지 않는다"고 주장했다. 따라서 이 상태로는 예보와 기후 모델이 불가능하므로 개선이 필요하다고 말한다. 기후 발전은 일부나마 먼지의 냉각 효과와 관련이 있기 때문이다.

늘어난 먼지 배출의 원인은 무엇보다 사막 주변에서 농경지가 증가했기 때문이다. 그러나 기후 변화로 땅과 호수가 마르는 것도 중요한 원인이다. 먼지 배출량이 더는 증가하지 않거나 심지어 줄어든다면, 그것이 기후 온난화를 더욱 부추길지 모를 일이다.

황 화합물 에어로졸의 효과에도 같은 원칙을 적용할 수 있다. 황 화합물은 화산 분화와 산불은 물론 화력 발전소, 선박, 휘발유 차량, 경유 차량에서도 배출된다. 이 무색의 독성 기체는 대기권에서 설파이드(sulfide), 즉 황산염으로 산화한다. 그런 에어로졸은 색깔에 따라 환한 막이 되어 햇빛을 반사하거나, 검은 먼지 수건이 되어 빙하 눈 표면의 색깔을 어둡게 만든다. 따라서 이 부유 입자는 기온을 높이기도 하지만 대부분은 냉각 효과를 일으킨다.

그사이 크게 발전한 배기가스 정화 기술은 대기권의 이산화황 함량을 유의미하게 줄일 수 있었다. 독일 한 곳에서만 1990년 이후 약 96퍼센트 감소했다. 하지만 그 말은 이제 햇빛이 더 강하게 작용한다는 뜻이다. "그로 인해 온난화 속도가 점점 더 빨라질 수도 있다"고 콕은 말한다. 그 속도를 늦추기 위해 중국을 필두로 세계 각국이 설파이드 에어로졸을 성층권으로 주입해 그 함량을 높이려 한다. 성층권의 설파이드 에어로졸이 응결핵이 되어 냉각용 구름을 만들 것이라고 기대하기 때문이다. 하지만 문제는 그리 간단하지 않다. 오염물 에어로졸은 구름 형성을 촉진하기도 하지만 방해하기도 한다. 이런 모순된 효과는 첨단 위성 기술을 활용함으로써 밝혀진 사실이다.

오염물이 비를 방해할 수 있을까

2006년 4월 28일, NASA는 '구름 및 에어로졸 라이다와 적외선 경로 파인더 관측 위성(Cloud-Aerosol Lidar and Infrared Pathfinder Satellite Observations, CALIPSO)'을 발사했다. 이 위성은 적외선 눈으로 지구를 감시한다. 물은 태양광의 적외선 스펙트럼 부분을 흡수한다. 물방울이 클수록 적외선 광선을 더 많이 흡수하기 때문에 광선의 양으로 구름 입자의 크기를 계산할 수 있다. "따라서 강수와 구름의 마이크로 구조를 넓은 지역에서 동시에 측정할 수 있다"고 예루살렘 히브리 대학교의 대니얼 로즌펠드(Daniel Rosenfeld)는 말한다. 그가 도시와 산업 지대 상공의 입자들을 눈여겨보니 '오염의 흔적', 즉 길고 좁은 띠가 만들어져 있었다. 화력 발전소, 금속 광산, 제련소에서 배출되는 먼지 역시 비슷한 띠 모양을 형성했다. 로즌펠드는 구름이 깨끗한 지역과의 비교 연구를 통해 지금껏 알려지지 않은 현상을 발견했다. 더러운 구름은 실제로 강수량을 늘리지 않는다. 이는 작은 물방울이 응결되는 미세 입자의 양과 관련이 있다. 이런 입자는 비를 만들지 않는다.

보통은 약 100만 개의 입자만 있어도 비가 되어 땅에 떨어지는 빗방울 한 개가 만들어진다. 그러나 오염 입자로 가득한 구름에서는 입자들이 그냥 떠 있기만 한다. 그것으로 빗방울 하나를 만들려면 수백만 개가 필요하다.

그런 구름은 비를 내릴 확률이 낮다. 아마 다들 궁금했을 것이다. 주말에는 하늘이 흐리다가 월요일만 되면 해가 쨍쨍하다. 미국에서 수행한 기상 연구 결과를 보아도 이런 주중 효과가 확연하다. 월요일부터 금요일까지 많은 양의 오염 물질 입자가 발생한다. 자동차, 공장, 난방 등이 배출한 입자다. 그래서 금요일이 되면 먼지양이 최고조에 도달한다. 수많은 작은 황 입자와 함께 크기가 조금 더 큰 먼지도 모여든다. 그것들이 뭉쳐 무거운 물방울이 되므로 주말에는 평소보다 약간 더 많은 비가 내린다. 따라서 월요일이 가장 비가 드문 날이라는 통계 결과는 그리 놀랄 일이 아니다.

자연 발생 오염 입자가 날씨는 물론 기후까지도 얼마나 극적으로 바꿀 수 있는지는 운하에서 썰매를 타는 네덜란드의 옛 그림들만 보아도 잘 알 수 있다. 이 그림들은 1450년부터 1890년까지의 '소빙하기'가 낳은 장면이다. 중세 말 세계는 인류 역사상 가장 추운 겨울을 맞이했다. 특히 유럽의 피해가 극심했다. 발트해를 비롯해 많은 강이 여러 차례 얼어붙고 수확량은 줄고 질병이 창궐했다.

이런 기상 이변의 원인은 화산 분화 때 터져 나온 황과 검댕, 재였다. 1815년 인도네시아 탐보라(Tambora) 화산이 대폭발했다. 1808년, 1822년, 1831년, 1835년에도 4개의 열대 화산이 폭발했다. 이러한 분화가 기후 시스템의 전환을 불러왔다. 미국 콜로라도주 볼더(Boulder) 대학교의 지구화학자 기퍼드 밀러(Gifford Miller)가 기후 모델로 확인했듯 높은 대기층으로 날아간 입자는 그림자를 드리워 그 아래의 공기를 식힌다. 극지방에선 빙하와 바다 얼음이 커졌다. 바다 얼음은 멕시

코만 난류를 막아 고위도로 온기가 나아가지 못하게 했다. 그래서 얼음이 더 많아졌다. 알프스 빙하가 극도로 커졌을 때는 계곡까지도 얼음으로 뒤덮였다.

이런 연쇄 반응은 화산에서 나온 입자들이 빛을 가려 지구 온도가 섭씨 1도 떨어졌기 때문이다. 그리고 지금 우리는 같은 온도 변화를 정반대 방향으로 겪는 중이다.

철과 함께 빙하기로?

상대적으로 작은 원인이 큰 결과를 낳는다. 과거의 기후 변화에서 현재와 미래의 모델을 끌어내기가 힘든 이유다. 그래도 노력하는 학자들이 있고, 10년도 더 전부터 빙하기를 연구해온 마이크 캐플런(Mike Kaplan) 역시 그중 한 사람이다. 뉴욕 컬럼비아 대학교의 지질학자인 그는 원시 퇴적물과 먼지 입자를 수집한다. 2013년 4월에 그는 파타고니아 남부 해안에서 마지막 '대'빙하기의 증거를 담은 자갈 갱(坑)을 발견했다. 한때 북미와 남미를 뒤덮었던 수많은 빙하 중 하나가 갈아 만든 자갈들로, 마지막 빙하기가 정점에 달한 약 2만 년 전에 퇴적된 것이다.

어느 날 거무튀튀한 부스러기를 비닐봉지에 집어 담던 캐플런의 머리에 문득 아이디어가 떠올랐다. 남극해 남쪽에 있는 이 발굴 장소가 말도 많고 탈도 많은 철(鐵) 가설을 검증해보기에 더없이 좋은 장소일 거라는 생각이 든 것이다. 철 가설은 대양에 떨어지는 먼지의 기후 효과를 다룬다.

이 혁신적 가설은 1990년 사망한 해양학자 존 마틴(John Martin)이 〈고해양학(Paleoceanography)〉에 발표했다. 핵심 내용을 요약하면, 빙하기에 식물이 잘 자라지 않는 추운 대륙으로 불어온 강한 바람이─캐플린의 손에 들어온 먼지처럼─철을 함유한 먼지를 철이 부족한 남극해로 대량 실어 날랐다. 그 먼지는 그곳에서 산호말류(coralline algae)와 다른 식물성 플랑크톤에 가장 중요한 양분을 공급했다. 그렇게 먼지는 바다 생태계를 살찌웠으며 '생물학적 펌프'를 가동해 심해로 더 많은 산소를 실어 나르고 대기의 이산화탄소 수치를 떨어뜨렸다. 마틴은 그 계기가 철 비료라고 주장했다. 철이 많아지자 녹조가 대량 발생했고, 그것들이 대기 냉각에 이바지했다고 말이다. 녹조가 번성하면 다이메틸설파이드(dimethylsulfide)라는 이름의 황 화합물이 분비된다. 이 황 입자는 구름을 만드는 씨앗으로 작용한다. 이것이 햇빛의 투사를 막는다. 따라서 바다 위 대기의 온도를 떨어뜨리고, 결국에는 지구 전체의 기온을 낮춘다.

산호말류는 국제우주정거장(ISS)에서도 보일 정도로 몇 킬로미터에 이르는 넓은 바다에 녹조 양탄자를 깐다. 또한 석회비늘편모류(coccolithophore)는 석회 껍질에 이산화탄소를 가두어 붙들어둔다. 그뿐만이 아니다. 그 석회 껍질이 해저로 가라앉으면 이산화탄소도 안전하게 갇혀 심해로 사라지니, 우리로서는 특별 보너스인 셈이다.

"산호말류는 세계 바다에서 가장 생산적인 석회 공장이다." 포츠담-골름(Potsdam-Golm)의 막스 플랑크 연구소에서 분자식물생리학을 연구하는 앙드레 셰펠(André Scheffel)은 이렇게 말한다. 대양의 밝은 지대에서는 이것들이 해마다 약 5억 톤의 석회를 생산한다. "이런 석회 생산은 생지화학적(biogeochemical) 의미가 크다. 대기권과 바닷물 사이의 이산화탄소 교류에 영향을 주어 우리의 기후를 바꾸기 때문이다."

앞서 소개한 해양학자 존 마틴은 철 비료를 뿌려 녹조를 일으켜서 지구 온난화를 막자는 제안으로 글을 맺는다. 그리고 농담을 섞어 이렇게 말한다. "내게 유조선 절반을 채울 철을 다오. 내 너희에게 빙하기를 선물할 것이니." 마틴이 이런 대담한 제안을 하고 30년이 지난 후, 학자들은 얼음 코어를 분석해 지난 14만 년 동안의 남극 기후를 시뮬레이션했다. 결과는 마틴의 생각이 옳았다. 빙하기 먼지에는 간빙기 먼지보다 철 함량이 15~20배 더 높았다. 마지막 빙하기에 빙하가 크게 자랐는데, 그 시기 먼지 농도도 최고치에 올랐다. 그와 동시에 기온과 이산화탄소 수치는 크게 떨어졌다. 빙하기 말기에 다시금 먼지가 줄어들면서 기온과 이산화탄소 수치가 증가했다.

철 가설은 초기에는 의심의 눈길을 피하지 못했다. 그래도 1993년부터 2005년에 걸쳐 13번의 실험이 이뤄졌고, 총 300~3000킬로그램의 철을 녹여 남극해, 적도 태평양, 북태평양의 작은 면적에 쏟아부었다. 그러나 녹조가 발생해 확실히 이산화탄소가 줄어든 경우는 두 번뿐이었다. 나머지는 효과가 확실하지 않거나 아무런 변화가 없었다.

철 비료는 왜 효과가 별로일까? 지상에서 철이 순수 금속 형태(Fe)로 존재하는 경우는 극히 드물다. 철은 쉽게 산소에 반응해 다양한 산화철을 형성한다. 혹시 실험에서도 식물성 플랑크톤이 좋아하지 않는 산화철을 사용한 것은 아닐까?

마이크 캐플런만큼 빙하기 먼지를 철저하게 조사한 사람은 없었다. 그는 파타고니아에서 얻은 표본을 정밀 분석했고, 그 안에 용해된 철이 얼마나 풍부한지 밝혀냈다. 그런 후 가장 흔한 조류종인 파에오닥틸룸 트리코르누툼(Phaeodactylum tricornutum)에 그 빙하 퇴적물을 주었다. 그랬더니 철이 덜 들어간 퇴적물을 주었을 때보다 식물성 플랑크톤의 증가 속도가 2.5배 더 빨랐다. 이러한 수치를 가지고 결과를 계산해보면, 이 정도의 급속한 번식은 탄소 흡수량을 약 5배 높인다.

당연히 지구공학 실험에서는 빙하기의 빙하에서 얻은 진짜 철 먼지를 사용하지 않았다. 대부분의 실험이 실패한 이유가 그것이다. 더구나 사용한 황화철은 빠르게 가라앉기 때문에 이산화탄소 제거 효과도 금방 사라진다. 지금은 철을 먹는 박테리아가 생산하는 철 먼지를 비료로 사용하는 연구를 진행 중이다. 나아가 이 생명 기원 산화물이 빨리 가라앉지 않도록 막아줄 방안을 찾을 필요도 있겠다.

기후에 의미가 있을까

학자들은 물론 세계 기후 보고서도 같은 생각이다. 지금 우리가 지구 시스템에 개입하지 않으면 지구 온난화는 절대 섭씨 1.5도에서 멈추지 않을 것이다. 우리가 대기권으로 배출한 이산화탄소 대부분을 도로 회수해야 한다. 하지만 이 '마이너스 배출'에 왜 하필 대양을 이용하려는 것일까? 이 지구의 푸른 허파가 우리가 배출하는 연간 이산화탄소량의 25퍼센트 이상을 흡수하기 때문이다. 그러니 이제 그 수치를 더 끌어올리자는 것이다. 하지만 어떻게 해야 이산화탄소가 바다의 물과 결합해 약한 탄산을 만들고 바다를 산성화시키지 못하게 막을 수 있을까? 특히 조개와 산호처럼 석회를 형성하는 생물이 위험하다. 산성 물에서는 석회 골격이나 껍질이 잘 형성되지 않기 때문이다.

염기화 방법이 탈출구를 마련할 수 있다. 염기 먼지는 바다의 이산화탄소 흡수율을 끌어올리고 동시에 산화를 막을 수 있다. 독일 킬(Kiel)에 있는 헬름홀츠 대양연구센터의 울프 리베젤(Ulf Riebesell) 교수는 노르웨이 레우네 피오르(Raune fjord) 남쪽에서 염기화 실험을 하고 있다. 곱게 간 석회암을 바다에 쏟아붓는 것이다. 그 광물 가루가 물속 탄산을 중화하므로 바닷물이 대기의 이산화탄소를 더 많이 흡수하게 된다. 또 탄산수소 이온이 발생하는 긍정적 부수 효과도 있다. 이것이 유기체의 석회 껍질 형성을 돕는다. 물론 효과를 보려면 아직 몇 년은 더 있어야 한다. 리베젤은 "현실적 판단을 내리려면 10년은 연구를 해야 한다"고 말한다. 그렇다면 지금 결과를 예상할 수는 없는 걸까? 리베젤은 이렇게 대답한다. "'청신호가 보인다'라고도, '절대 아니다'라고도 말할 수 없다."

육지에서도 최근 들어 먼지를 이용해 대기의 이산화탄소를 제거하는 실험이 진행 중이다. 미국에서 논과 밭에 현무암을 뿌리고 있다. 그 방법으로 전 세계 경작지의 절반가량에서 연간 20억 톤의 이산화탄소를 붙들 수 있다는 것이다. 그 정도면 독일과 일본에서 해마다 배출되는 이산화탄소를 합친 양과 맞먹는다. 컬럼비아 대학교의 짐 핸슨(Jim Hansen)은 이렇게 말한다. "이 탄산염 대부분이 결국에는 대양으로 흘러 들어가서 석회암이 되어 해저로 가라앉는다. 자연스럽고 지속적인 온실가스 감축인 것이다."

현무암은 지구에서 가장 흔한 암석 중 하나이며, 이 방법은 광산과 시멘트 공장, 철강 공장에서 나오는 부산물을 사용하면 된다. 〈네이처〉에 발표된 분석에 따르면, 이 현무암 비료의 가격은 세계은행이 예상한 2050년의 탄소 가격 100~150달러와 같다. 기후 재앙을 막으려면 우리는 그 2050년까지 배출량을 0으로 줄여야만 한다.

하버드 대학교의 데이비드 키스(David Keith)는 칼슘탄산염, 즉 백묵 먼지를 이용해 지구의 기온 상승을 막으려 노력한다. 풍선에 칼슘탄산염 4.5파운드를 넣어 하늘로 띄우면 그것이 대기 중에서 터지며 탄산염을 흩뿌린다. 그는 이 방법으로 칼슘탄산염 먼지가 얼마나 효율적으로 햇빛을 반사하는지 테스트하려 했다. 그러나 스웨덴 키루나(Kiruna)에서 시행하려던 이 '성층권 통제 섭동 실험(Stratospheric Controlled Perturbation Experiment, SCoPEx)'은 그 지역의 소수 민족인 사미족(Saami)의 반대로 무산되고 말았다.

키스는 인공적 배출 감소의 위험이 방글라데시 같은 나라의 수백만 인구에게 돌아갈 장점에 비하면 절대 크지 않다고 주장한다. "사회학자들이 확인한 대로 중국, 인도, 필리핀 같은 나라의 국민은 선진국 국민보다 훨씬 더 태양지구공학을 가능한 대안으로 생각한다. 실험의 시행 여부를 누가 결정해야 할까? 근처에 사는 사람들일까, 아니면 가장 득을 크게 볼 수 있는 사람들일까?"

지구공학과 그 문제점

태양광을 조절하는 태양 방사 관리(Solar Radiation Management, SRM) 기술에는 최근의 대담한 아이디어도 포함된다. 미국 유타 대학교의 학자들이 달 먼지 방패로 지구의 온도를 떨어뜨릴 수 있을지 연구했다. 컴퓨터 시뮬레이션 결과를 보면, 달 먼지는 태양광을 효과적으로 차단하기에 딱 맞는 크기와 조합을 갖추고 있다. 그래서 이 학자들은 거대한 대포를 활용해 달 먼지를 우주로, 더 정확히 말하면 라그랑주 포인트(Lagrange Point) L1으로 보내자고 제안한다. 그곳은 태양과 지구의 중력 상쇄점이다. 다시 말해, 먼지 막을 펼치기에 완벽한 지점이다. 그러면 달 먼지 입자가 그곳에서 태양광을 우주로 반사해 1~2퍼센트 줄일 수 있다는 것이다.

그러나 해마다 약 1000만 톤의 달 먼지를 우주로 보내겠다는 계획은 공상과학이다. 막대한 노력과 돈이 들어갈 테니 말이다. 대기권에 미칠 영향도 불확실하다. 그러나 학자들은 해빙으로 해수면 상승 속도가 극적인 지역에서라도 태양광을 막아보겠다는 노력을 멈추지 않는다. 예일 대학교의 기후학자 웨이크 스미스(Wake Smith)는 남반구와 북반구의 위도 60도 위쪽 지역 13킬로미터 상공에서 비행기로 이산화황을 살포하자고 제안한다. 그러면 아래 성층권에서 이산화황이 응결해 입자가 된다는 것이다. 이 입자의 구름이 거대한 태양광 차단막으로 작용하므로, 스미스의 계산대로라면 극지방 기온을 약 섭씨 2도 떨어뜨릴 수 있다. 문제는 이산화황을 실어 나를 비행기를 대량으로 띄워야 할 텐데, 그러면 추가로 이산화탄소를 배출할 것이고, 다시 추가로 이산화황 입자를 뿌려야 할 것이다.

먼지를 활용해 가뭄이 심한 튀르키예 여러 지역에 인공 강수를 뿌리겠다는 지구공학 프로젝트 역시 지역적 한계가 있다. 학자들은 측정소와 저온실에서 필요한 먼지의 양, 입자 크기, 온도와 수증기 비율에 관한 분석을 마쳤다. 튀르키예의 주요 연구 기관 중 하나인 과학기술연구원의 세말 사이담(Cemal Saydam)과 귀르칸 오랄타이(Gürcan Oraltay)는 이렇게 말한다. "사하라 먼지를 사용하면 보통 먼지보다 50퍼센트 더 빨리 얼음 결정이 자란다." 현재 그들은 비행기로 사하라 먼지를 뿌려 튀르키예 남동부에 인공 구름을 만들기 위해 노력 중이다.

지금으로서는 지구공학이 어떤 문제를 동반할지, 우리는 아직 예상할 수 없다. 그렇기에 오스트레일리아 국립대학교 기후행정과의 애런 탕(Aaron Tang)은 이렇게 충고한다. "우주에서 모험적인 계획을 고민하기보다는 화석 연료를 대체할 방안에 더 집중해야 할 것이다. 기후 변화의 해결책은 멀리 있는 별이 아니라 우리 코앞에 있다."

학자들은 공기 정화 유지 조치를 배출 제한과 병행해야 한다고 주장한다. 그러려면 공통 배출원을 뿌리 뽑아야 한다. 다시 말해, 화력발전소와 휘발유 차량을 멈춰 세우고 화물선을 환경 친화적으로 바꾸어야 한다.

종류는 다르지만 사하라 사막의 먼지가 일으키는 문제는 또 있다. '외치'를 둘러싼 논쟁에도 사하라의 먼지가 개입되어 있으니 말이다.

오랫동안 학자들은 외치가 5300년 내내 얼음과 눈에 덮여 있었다고 생각했다. 그러나 새로운 기후 분석에 따르면, 외치는 여러 차례 해동되었다. 되돌아온 사하라의 먼지 구름이 외치가 묻힌 장소를 녹인 것이다. 그 결과 외치와 함께 발견된 물건들이 발굴 장소의 자연 과정으로 인해 손상되었다. 지금까지의 분석은 이런 정황을 무시했다. 그래서 외치가 계곡에서 나온 공격자를 피해 도망치는 과정에서 물건들이 망가졌을 거라고 생각했다.

지구 온난화를 멈출 대기권의 먼지든, 이산화탄소를 흡수하는 식물성 플랑크톤의 성장을 촉진하는 대양의 먼지든, 빙하 얼음을 흐르게 해서 녹게 만드는 먼지든 지구의 운명은 지금까지의 생각보다 훨씬 더 '먼지'라는 것에 달려 있다.

왜 겨울에는 먼지가 더 많을까?

바깥 기온이 영하로 떨어지면 집 안 먼지가 더 많아진 것 같은 기분이 든다. 털옷과 극세사 이불 같은 것에서 많은 먼지가 발생하고, 실내에서 지내는 시간이 더 많기 때문이다.

난방을 하면 먼지가 더 오래 떠서 돌아다닌다. 실내 공기가 습기를 붙잡지 못해 발생하는 건조한 공기 탓이다. 게다가 환기를 시킬 때 많은 습기가 밖으로 달아난다. 따뜻한 공기는 차가운 공기보다 더 많은 습기를 흡수할 수 있다. 바깥 기온이 내려갈수록 실내 습도는 떨어지고, 환기를 많이 시킬수록 실내 공기는 더 건조해진다. 며칠 계속해서 대기 습도가 30퍼센트 밑으로 떨어지면 피부와 눈, 코, 목구멍의 점막이 심하게 건조해질 수 있다. 따라서 마른기침, 결막염, 피부 습진, 감기에 걸릴 위험이 커진다. 특히 노인, 아동, 알레르기 환자, 콘택트렌즈를 착용하는 사람들의 고충이 크다.

취리히 응용과학대학의 한 연구에서도 밝혀졌듯 사무실의 건조한 공기는 흔한 문제다. 조사 대상인 26개 건물의 사무실 거의 모두에서 상대 습도가 30퍼센트에 불과했다. 참고로 실내 공간의 최적 상대 습도는 40~60퍼센트다.

지구의 먼지 기억은 어떻게 소멸하는가

빙하가 녹는 속도는 산악 등반가들에게만 공포를 주는 것이 아니다. 〈사이언스〉에 발표된 연구 결과를 보면, 아무리 늦어도 2100년까지는 빙하의 절반이 사라질 것이다. 남극 서부도 곧 녹아 전 세계 해수면을 몇 미터 끌어올릴 수 있다. 얼음이 녹으면 이 세계 최대 기록실에 담긴 기억도 함께 사라진다. 인류의 기록실이 기억상실증을 앓을 것이다.

기억이라니? 기억상실증은 또 무엇인가? 고기후학자들은 사람에게 나 쓸 그런 용어를 빙하 얼음과 바다 퇴적물, 나무에도 사용한다. 이 것들이 세계의 기억이기 때문이다. 기억이 타임캡슐, 즉 먼지 입자에 담겨 그것들에 고스란히 저장되어 있다.

학자들은 이런 빙하 저장고를 '크라이오 먼지(cryo dust: 그리스어 krios 는 '맹추위'라는 뜻)'라고 부른다. 그 안에 과거의 온실가스 농도, 화산과 태양 그리고 생물 활동에 관한 정보들이 후세대가 읽을 수 있도록 담겨 있다.

상황이 좋지 않을 때는 1분당 100만 톤까지 녹아내리는 그린란드 얼음은 지난 10만 년의 역사를 알고 있다. 〈네이처〉에 실린 논문대로 먼지 입자는 "로마 제국의 첫 200년간 이어진 경제 성장"을 상세히 보고한다. 전쟁 및 정치 불안과 더불어 변화한 먼지 농도에서 고기후학자들은 얼음에 내려앉은 독성 납 먼지를 통해 로마인이 은 제련을 언제 시작했는지 알 수 있으며, 그 먼지가 사라진 것을 통해 로마가 언제 멸망했는지도 알 수 있다. 계절이 가고 해가 바뀔 때마다 얼음층이 새로 쌓였으므로 그 위에 모인 먼지는 남극의 지난 80만 년을 고스란히 담고 있다.

"그러나 이제 세계의 빙하는 이야기를 멈추었다." 미국 고기후학자 서머 프레토리우스(Summer Praetorius)는 이렇게 탄식한다. "그린란드 해안 지대는 너무 질척여서 그 속을 뚫을 수가 없다. 그래서 학자들이 얼음 코어를 채취할 수 없고, 그 땅의 역사에 다가가지 못한다."

최근에는 빙하 먼지의 대안으로 지렁이 먼지를 이용한다. 마인츠 대학교의 학자들이 지렁이 배설물에서 빙하기 먼지를 발견한 것이다. 석회를 함유한 이 입자들은 보존 상태가 매우 우수해 뛰어난 기후 지표로 삼을 수 있다. 방해석(calcite, 方解石) 먼지에 든 산소와 탄소 농도로 그 지렁이가 살았던 2만 년 전 라인(Rhein) 지방의 기온과 강수를 역추적할 수 있기 때문이다. 그 첫 연구 결과를 보면, 마지막 빙하기에는 지금까지 생각했던 것보다 강수량이 훨씬 적었다. 기온도 훨씬 온화했다. 마인츠에 있는 구텐베르크 대학교 지리연구소의 페터 피셔(Peter Fischer)는 "다양한 기후 변화를 거쳐 과거를 더 명확히 이해할수록 자연의 영향과 인간의 영향을 더욱 명확히 구분할 수 있다"고 말한다.

프레토리우스 교수는 고기후 기록실이 그토록 중요한 이유를 이렇게 설명한다. 그것은 "실제 세상이 어떻게 무너지는지를 보여준다. 레질리언스(resilience: 환경 시스템이 복구 불가능한 상태로 전환되는 것을 막아주는 생태계의 재건 능력—옮긴이)가 어떻게 파국의 실패로 바뀌는지를 가르쳐준다". 생물권에서 저항력은 기억과 밀접한 관련이 있다. 저항력은 한 시스템이 고장 난 후 다시 균형 상태로 되돌아가는 능력인데, 그러자면 과거 상태에 대한 기억이 필요하다. 가령 숲 생태계의 생태 기억에는 불, 가뭄, 기온 변화 같은 장애에 적응한 전략을 알려주는 정보와 물질 흔적이 포함된다. 여기서 '물질 흔적'이란 산불이 난 후 싹튼 씨앗, 식물과 균류가 깃든 죽은 나무줄기 등을 말한다.

그러나 물질 흔적은 환경이 바뀌면 소실되거나 줄어들 수 있다. 특히 인간이 생물종의 씨를 말리고 침입종을 끌고 들어와서 이런 변화를 일으키는 일이 잦다. 이런 변화는 시스템의 회복력을 떨어뜨린다. 안타깝게도 우리는 생태계가 고장 난 뒤에야 그 사실을 깨닫는다.

그러므로 저장고는 그 안에 든 정보만 의미하는 것이 아니다. 기억은 지구 시스템이 변화에 대응할 수 있도록 완충기 역할을 한다. 그러나 장애가 심각하지 않을 때는 쉽게 회복하던 조직도 변화 속도가 너무 커서 세계의 기억이 소실되면 무너지고 만다.

〈쥐트도이체 차이퉁(Süddeutsche Zeitung)〉에 발표한 글에서 크리스토프 게르치(Christoph Gertsch)와 미하엘 크로게루스(Michael Krogerus)는 이런 '기후 티핑 포인트'를 언덕과 공이라고 상상하면 이해하기 쉽다고 조언한다. "공을 던지면 살짝 위로 떴다가 다시 당신의 손에 떨어진다. 하지만 공을 언덕 너머로 던지면 언덕 저편으로 굴러 내려가고, 그 속도도 계속해서 빨라진다. 바로 그 언덕 꼭대기가 티핑 포인트다. 지구의 시스템은 대부분 그런 식으로 작동한다. 외부 충격이 주어지면 살짝 바뀌었다가도 당신 손으로 돌아온 공처럼 다시 원래 상태를 회복한다. 하지만 외부 충격이 강하거나 계속 반복되면 어느 순간 시스템이 티핑 포인트를 넘어 독립해버린다. 일단 티핑 포인트를 넘으면 돌아올 수 없다."

두 학자는 한 가지 모델을 통해 지구 기억이 이미 60퍼센트 사라졌고, 기억을 쌓는 지구의 능력도 이미 망가졌다는 사실을 입증했다. 따라서 자연의 틀 안에서 스트레스에 반응하는 능력도 크게 줄었다.

빙하와 대양의 기억 상실을 더는 막을 수 없는 이런 상황에서 우리의 초록 먼지 포집기, 곧 식물의 생태적 기억마저 혹독한 시험에 들었다. 미세먼지에 든 암모늄염은 이끼의 비료다. 이 먼지는 나뭇잎의 솜털에도 매달려 있다. 그런데 컴퓨터 모델에 따르면, 이 식물들에 고난이 닥치고 있다. 어마어마한 나무 기록실이 늘어나는 산불 탓에 급격히 무너져 내리고 있는 것이다. 원시림과 그것에 깃든 수백 년 역사가 짧은 시간 안에 화염에 휩싸여 돌이킬 수 없이 사라진다.

앞서 소개한 프레토리우스는 이렇게 말한다. "가장 오래된 도서관의 재가 우리 머리 위로 떨어져 내리고, 유독성 먼지가 되어서 지구를 떠돌며 빙하를 덮어 해빙 속도를 높이고, 수천 년 역사를 대양으로 흘려보내 우리의 미래를 텅 비운다. 불현듯 괴괴한 적막이 감돈다. 더는 입을 열지 않을 역사의 그루터기만 남는다."

먼지는 없는 게 더 좋지 않을까?

먼지가 없으면 무슨 일이 일어날까? 우리 부엌에 그 해답이 숨어 있다. 수증기가 식으면 물방울이 되어 냄비 뚜껑에 매달린다. 이 뚜껑 역할을 자연에서는 대기의 부유 입자가 떠맡는다. 이것들이 구름을 만드는 씨앗이다. 그 씨앗에 수증기가 응결되어 수많은 물방울이 되고, 그것이 다시 흐르는 물이 되고, 그 물에서 빗방울·우박·눈송이가 탄생한다. 대기의 응결 씨앗이 없다면 습기는 300퍼센트가 되어야 겨우 응결될 것이다. 우리 피부 위에서 말이다. 그런 사우나 같은 세상을 누가 바라겠는가?

사막 먼지가 삶과 죽음, 황금을 가져다준다

2020년 6월에 생긴 먼지구름은 그 크기가 얼마나 대단했던지 학자들이 일본 영화에 나오는 괴물, 즉 '고질라'라는 이름을 붙여주었다. 50년 만에 가장 크고 짙었던 이 먼지구름은 아프리카 서해안에서 북대서양 서쪽의 소앤틸리스제도(Lesser Antilles Is.) 가장자리에 이르기까지 무려 5000킬로미터 이상을 뻗어 나갔다. 어떤 곳에서는 높이가 30킬로미터를 넘기도 했다.

어디로 떨어지든 이 먼지는 삶을 몰고 오며, 죽음 또한 데려온다. 먼지는 땅을 비옥하게 만들고 육지와 바다의 작은 생명체에 영양을 공급한다. 하지만 산호를 죽이고 먹이사슬을 중독시킨다. 또 먼지 폭풍은 수백만 유로의 비용을 발생시키지만, 에스파냐의 작은 섬 푸에르테벤투라(Fuerteventura: 에스파냐 카나리아제도에 있는 섬—옮긴이) 주민들은 동화 〈홀레 할머니(Frau Holle)〉에서처럼 하늘에서 금화가 떨어지는 기분일 것이다.

고질라 먼지구름은 세계에서 가장 황량한 지역 중 하나인 보델레 (Bodélé) 함몰지에서 탄생했다. 사하라 남쪽 끝에 있는 이 함몰지는 세계에서 가장 먼지가 많은 지역 중 하나이며, 세계에서 가장 바람이 많이 부는 지역이기도 하다.

그래서 약 1만 년 전 이 지역에서 출렁대던 거대 담수호의 바닥이 지난 1000년 동안 이미 4미터나 증발했다. 당시 호수에는 식물과 물고기와 미생물이 가득했다. 약 6000년 전 물이 마르자 그곳에서 살던 동식물의 잔재가 그대로 남아 있다 부서져서 먼지가 되었다.

그 먼지가 쌓여 모래 언덕이 되었고, 이 언덕들은 서로 '소통'한다. 케임브리지 대학교의 물리학자들이 계산과 관찰을 통해 알아낸 사실이다. 학자들은 실험을 통해 똑같은 2개의 모래 언덕이 이동하는 동안 상호 작용을 하는지 조사했다. 실제로 앞뒤로 줄지어 선 모래 언덕은 동시에 이동했고, 앞의 언덕이 일으킨 특정 소용돌이가 뒤쪽 언덕을 밀쳤다.

바람이 마른 호수 위를 쓸고 지나가면 먼지가 소용돌이치며 일어난다. 그 먼지에는 부서진 조류 껍질에서 나온 엄청난 양의 칼슘·마그네슘·철이 들어 있고, 화석이 된 물고기에서 나온 인을 많이 함유한 광물 인회석도 들어 있다. 분리되어 땅 위로 솟구친 입자는 다른 입자들을 끌어당겨 떼어낸다. 그리고 워낙 크기가 작아 금방 하늘로 떠오른다. 대기로 떠오른 후에는 일단 함몰지에서 나온 수많은 다른 입자와 뒤섞이고, 시간이 지나면 아프리카 다른 지역에서 날아온 물질하고도 뒤섞인다. 그렇게 먼지는 거대한 구름이 되고, 기류를 타고 상공 약 5킬로미터까지 올라가 강풍 지대로 들어서면 그 바람에 실려 멀리멀리 날아간다.

사하라의 먼지는 불과 며칠이면 유럽 중부와 북부에 도착한다. 그런 다음 붉은색·오렌지색·노란색 필터가 되어 태양빛을 여과하고, 전문가들의 표현대로 태양을 에워싼 '마당(Hof)'을 만든다. 라이프치히 대학교의 산란 이론 및 대기광학 전문가 울라 반딩거(Ulla Wandinger)는 중부독일방송의 디지털 멀티채널 '엠데에르 비센(mdr Wissen)'에 출연해 얇은 사하라 모래막이 화려한 색깔의 일출과 일몰을 일으킨다는 생각은 "널리 퍼진 오해"라고 말했다. 그러기에는 이 입자 대부분이 너무 크다. 일몰이 색깔을 띠려면 작은 먼지가 필요한데, 그 대부분은 교통과 산업에서 배출되는 배기가스. 이런 먼지는 사하라 먼지보다 10~100배 더 작아서 태양광선의 붉은 부분을 다른 화려한 색깔보다 더 강하게 반사한다. "그로 인해 지평선의 태양이 붉게 보이며, 낮게 뜬 태양한테서 빛을 받은 구름도 붉게 보이는 것이다."

독일기상청에 따르면 사막 먼지가 연간 50~60회 독일의 산맥까지 불어온다. 대부분은 농도가 낮아서 알아차리지 못하는데, 2022년 3월에는 그렇지 않았다. 기상학자들은 그때를 지난 몇십 년 이래 가장 강력한 기상 사건이라고 주장한다. 오스트리아 포라를베르크(Vorarlberg)에서는 스키 활강포가 먼지로 뒤덮여 '모래 스키'라는 말이 나올 정도였다. 비도 붉게 물들고, 자동차는 사탕수수 원당을 뿌린 듯 갈색으로 변했다. 캐나다 북극 지방에서는 '갈색 비', 스칸디나비아에서는 '노란 비', 에스파냐에서는 '피의 비'가 내렸다. 기원전 5세기에 호머도 《일리아스》에서 "하늘에서 떨어져 내리는 피의 이슬"이라는 표현을 썼다. 아프리카 해안 앞바다에서는 선원들이 전방을 볼 수 없어 많은 배가 좌초했다.

놀라운 마이크로 항공 화물

1838년 3월 7일, 선원 로버트 제임스(Robert James)는 대서양에서 사하라 폭풍에 휘말렸다. 그는 정신을 똑바로 차리고 젖은 손수건을 돛대에 걸었다. 그리고 먼지를 머금은 손수건을 상자에다 대고 물기를 짰다. 무사히 육지에 당도한 제임스는 그 손수건을 평소 친분이 있던 찰스 다윈에게 보냈다. 다윈은 그것을 다시 당대의 유명한 현미경 전문가이자 베를린에 있는 프리드리히 빌헬름 대학교의 교수 크리스티안 고트프리트 에렌베르크(Christian Gottfried Ehrenberg, 1795~1876)에게 전달했다. 1848년 다윈이 감탄했듯 에렌베르크는 "내가 그에게 보낸 5개의 작은 상자에서 67종 이상의 유기물 형태"를 확인했다.

이 미생물들은 먼지에 싸인 채 긴 여행을 무사히 견뎌냈다. 먼지 입자가 '항공 화물 트렁크' 작용을 해서 위험한 자외선을 막아준 것이다.

160년 후, 학자들이 '다윈의 먼지'라는 이름이 붙은 이 표본을 다시 조사해 포자를 채취했다. 놀랍게도 이 중 몇 개가 실험실에서 살아났다. 수분을 공급하고 9주가 지나자 먼지에서 동부콩(*Vigna unguiculata*)의 건강한 싹이 솟아난 것이다.

이스라엘의 학자들 역시 먼지에 달라붙은 박테리아에서 놀라운 사실을 발견했다. 비행경로 모델을 이용해 먼지의 길을 역추적했더니 북아프리카, 사우디아라비아, 시리아까지 이어진 것이다. 그리고 DNA 염기 서열 분석을 이용해 이 입자들을 살펴본 결과, 바닷물·식물·땅속에서 나온 대부분의 박테리아보다 항생제 내성이 더 강했다. 학자들은 이렇게 말한다. "기후가 변하는 상황에서는 먼지 폭풍의 강도와 빈도가 늘어날 것으로 예상된다. 따라서 대기 중 박테리아의 지리적 범위도 넓어지며, 그로 인해 먼지 박테리아가 육지는 물론 바다에서도 전혀 가 본 적 없는 생활 공간으로까지 밀고 나아갈 것이다."

푸에르테벤투라의 세균학자들은 아프리카 먼지가 인간과 가축, 식물과 생태계의 건강에 미칠 악영향을 우려해 주기적으로 병원균의 침투 여부를 조사한다. 먼지 진원지에서는 엄청난 양의 가축을 기르고 있으며, 그 가축의 똥은 새로운 전염병의 산실일 수 있다. 지질학자들 역시 이 '칼리마(calima) 먼지'를 분석한다. 그 먼지에 자연적으로 침투한 방사능 원소가 인간의 건강을 해칠 수 있기 때문이다.

그런데 2022년 12월 28일 아침, 그 학자들이 충격적인 소식을 전했다. 먼지 표본에서 '매우 높은 함량의' 귀금속을 발견했는데, 금과 은·팔라듐도 들어 있었던 것이다. 라스팔마스(Las Palmas) 대학교의 화학자 카를로스 다 실바(Carlos da Silva)는 "그 수치가 믿을 수 없을 정도여서 바로 다시 측량해봤지만 결과는 같았다"고 말한다. 칼리마 먼지 1톤으로 환산해보면 약 10그램의 금이 들어 있다는 얘기다. 〈푸에르테벤투라 신문〉과의 인터뷰에서 지질학자 디에고 델 산토 이노센테(Diego del Santo Inocente)는 이렇게 말했다. "경제적으로 활용해도 큰 수익이 남을 규모다. 금광에서 채굴하는 광석의 금 함량은 1톤당 1~

5그램밖에 안 된다."

푸에르테벤투라 시의회 의장 세르히오 요레트(Sergio Lloret)의 말처럼 이 섬의 정부로서는 "칼리마 먼지의 금 함량이 하늘에서 내린 선물"이나 마찬가지다. 그는 금 먼지가 발견된 직후 이렇게 선포했다. "따라서 우리는 오늘 아침 일찍 칼리마 먼지를 녹여 금을 뽑아낼 용광로 두 대를 제작하기로 결의했다. 그리고 주민들에게는 용광로를 가동할 때까지 테라스에 쌓인 먼지를 닦지 말고 모으라고 부탁하는 바이다. 용광로 사용 비용은 귀금속 채굴액의 10퍼센트다. 이제 푸에르테벤투라는 칼리마가 불어올수록 더는 관광에 목을 매지 않아도 될 것이다."

모로코 해안 근처 사막 지역에서도 그동안 몰랐던 귀금속 출처가 있을 것으로 학자들이 추정했다. 모로코 정부는 즉각 반응했다. 마드리드 주재 모로코 대사 아흐메드 알자블레(Ahmed al Jable)는 이렇게 주장했다. "사하라의 귀금속은 우리 것이다. 다른 국가의 사하라 채굴을 단호히 반대한다. 첫 조치로, 우리는 귀금속이 나올 사하라 지역을 대규모 비닐로 덮을 것이다."

아프리카에서 유익한 인이 유입되다

NASA는 사하라 먼지에 담긴 또 다른 화학 물질을 찾기 위해 2022년 6월 국제우주정거장에 'EMIT(Earth Surface Mineral Dust Source Investigation)'를 도킹했다. 이 '지표면 광물 먼지원 조사' 장비에는 영상 송출

분광기가 장착되어 1초당 30만 개의 스펙트럼을 측정할 수 있다. 먼지의 광물은 스펙트럼의 여러 파장에서 빛을 반사한다. 이 패턴이 화학 구성의 '스펙트럼 지문'인 셈이다.

NASA가 특히 관심을 기울인 대상은 지구의 가장 큰 먼지원 중 하나에서 나온 입자 혼합물이었다. "바람이 해마다 약 1억 8200만 톤의 사하라 먼지를 바다로 실어 나른다." 이는 NASA에서 대기권을 연구하는 유홍빈 박사가 여러 해 동안 관찰해 측정한 수치로, 매일 2만 5000대의 세미 트레일러트럭을 채울 수 있는 양이다. 이제 그는 EMIT를 이용해 오랫동안 고심해온 수수께끼를 풀려 한다. 아마존은 세계에서 가장 양분이 적은 땅에서 어떻게 엄청난 수의 종을 만들고, 거대한 나무와 풍성한 초록을 수십만 년 동안 키울 수 있었을까?

식물이 자라려면 양분이 필요하다. 가장 중요한 양분 중 하나가 인(燐)이다. 바로 이 인이 열대 지방에서는 귀하다. 암석의 풍화로 생긴 인이 열대 소나기에 씻겨 강으로 흘러 나간다. 흘러넘치는 욕조처럼 식물의 양분이 아마존 분지에서 빠져나가는 것이다.

그런데 아프리카 보델레 함몰지의 먼지 폭풍에 실린 광물을 분석하자 수수께끼가 풀렸다. 유홍빈의 말을 더 들어보자. "사하라 먼지는 해마다 어림잡아 2만 2000톤의 인을 아마존에 뿌린다. 비에 씻겨 나가는 양과 거의 일치한다." 미국 학자들은 레이윈존데(Rawinsonde)—기구에 장착해 기온, 기압, 대기 습도, 풍속과 바람의 방향을 측정하는 라디오존데(Radiosonde)—를 이용해 더 자세한 내용을 조사했다. 그리고 "한 번 폭풍이 불 때마다 약 48만 톤의 먼지가 유입"되며 "해마다 1헥타르당 최대 4킬로그램의 인이 떨어진다"는 결과를 발표했다.

사막에서 인이 날아오지 않는다면 캘리포니아주 시에라네바다의 거대 나무들도 지상에서 제일 큰 나무로 자라지 못했을 것이다. 리버사이드의 캘리포니아 대학교 지질학 교수 에마 애런슨(Emma Aronson)은 "이 거대 나무들이 양분을 공급하지 않는 바위에 서 있는데도 어떻게 모두가 살아남을 수 있는지, 우리는 지난 몇 년간 연일 놀라움을 금치 못했다"고 말한다. 자이언트세쿼이아(Sequoiadendron giganteum)가 압도적인 크기에 이른 이유는 오직 "고비 사막의 먼지가 뿌리 밑 암석의 풍화보다 더 많은 인을 공급하기 때문이다". 이 먼지에는 바다 생물의 유골 잔재가 들어 있어 양분이 많다. 그 지역이 지금은 사막이지만 한때는 중앙아시아의 바다였기 때문이다.

고비 사막과 타클라마칸 사막은 수백만 년에 걸쳐 엄청난 양의 광물 먼지를 보내 농사의 낙원을 만들었다. 그곳이 바로 중국의 황토 고원이다. 대기, 즉 바람을 타고 돌 없는 먼지가 날아와 25만 제곱킬로미터 이상의 광활한 땅에 내려앉았다. 독일 면적의 1.5배에 달하는 넓은 땅이다. 이 먼지 자욱한 땅은 중국 북부의 다른 황토 지역과 더불어 중국 국토의 5분의 1을 차지한다. 많은 지역에서 깊이가 100미터에 달하고, 심지어 어느 곳에서는 무려 300미터에 이른다. 전 세계적으로 황토는 지표면 전체의 20퍼센트밖에 안 된다. 그러나 그 땅에 사탕수수와 포도 같은 농작물의 80퍼센트가 자라고 있다. 먼지가 세계를 먹여 살리는 셈이다.

황토가 비옥한 것은 점토 광물 덕분만이 아니다. 황토는 식물에 필요한 물을 많이 저장할 수 있다. 1세제곱미터당 약 200리터를 저장한다. 더구나 황토에서는 식물이 쉽게 뿌리를 뻗을 수 있고 통기성도 좋다. 식물에 필요한 모든 요소를 갖춘 셈이다.

빙하는 사막과 정반대이지만 그곳에서도 양분이 많은 먼지가 나온다. 바이에른주 환경국 지질팀의 롤란트 아이히호른(Roland Eichhorn) 팀장의 말처럼 그 먼지 덕분에 "황토가 바이에른에서 가장 비옥한 땅"이 되었다. "그 옥토는 1만 년 전 빙하기의 차가운 바람이 남긴 흔적이다." 얼어붙은 알프스 빙하에서 그 바람이 불어 빙하에 갈린 고운 암석 먼지를 실어왔다. 먼지는 최대 1미터까지 쌓여 바이에른주 옥센푸르트(Ochsenfurt)의 마인프랑켄(Mainfranken) 지역과 슈트라우빙(Straubing)에 옥토를 만들었다.

그러나 먼지가 항상 식물의 슈퍼푸드를 키우는 것은 아니다. 카리브해 측량소의 연표를 살피던 학자들은 사하라 먼지구름의 고약한 특징과 마주했다. 연표를 보니 1960년대부터 아프리카에서 먼지가 많이 날아올 때마다 카리브해의 아크로포라(Acropora) 산호나 왕관성게(Diadematidae)가 떼죽음을 당했다. 학자들은 '먼지가 많은 날'에 평소보다 4~10배 많은 미생물을 발견했고, 결국 바다에 떨어진 먼지가 널리 퍼진 병원균의 원인이라는 사실을 확인했다.

그러나 먼지 폭풍은 과거에도 늘 있었다. 그런데 왜 갑자기 해양 생물이 위험해진 것일까? "인간이 먼지 화물을 바꾸어놓았기 때문"이라는 것이 미국 지질조사국의 크리스천 켈로그(Christian Kellogg)가 내린 결론이다. "사하라에 사는 주민과 가축 수가 자꾸 늘고 있으니 세균 함량도 높아질 것이다. 거기에 살충제 같은 화학 물질이 추가된다. 또 아프리카에서는 쓰레기를 대부분 태우는데, 플라스틱과 타이어도 예외가 아니다. 그때 발생하는 화합물이 먼지에 들어간다. 이 모두가 과거와의 화학적 차이를 불러올 수 있다." 먼지에 든 화학 물질이 해양 동물의 저항력을 떨어뜨려 질병에 취약하게 만든 것이다.

먼지에는 농민을 괴롭히는 균도 들어 있다. 푸른곰팡이가 대표적이다. 담배노균병(Peronospora tabacina)은 가장 위험한 담배 질병 중 하나인데, 담배가 최고의 화학 약품 집약적 작물이 된 이유도 이 병 때문이다. 학자들은 기상학과 생물학을 결합해서 피해를 줄이기 위해 애쓴다. 정확한 기상 예보로 포자의 비행을 미리 알려 불필요한 살충제 투하를 줄이고 작물을 적시에 보호하려는 것이다.

특히 사하라 먼지는 대서양과 지중해 연안국의 보건, 환경, 경제에 막대한 영향을 끼친다. 세계은행에 따르면, 그곳 국가들에서 모래 폭풍이 발생시키는 비용은 연간 1500억 유로 이상이며, 국내총생산도 2.5퍼센트 이상 떨어뜨린다. 가시거리가 확보되지 않아 제품 수송이 늦어지는가 하면 농사에도 막대한 피해를 일으키며, 심지어 높은 미세먼지 농도로 인한 조기 사망 사례도 발생한다. 미세먼지는 지금까지의 예상보다 훨씬 적은 양으로도 사망을 불러올 수 있다. 맥길(McGill) 대학교의 전염병학, 생물통계학, 노동의학과 조교수 스콧 와이첸솔(Scott Weichenthal)은 2022년 9월 〈사이언스 어드밴시스〉에 발표한 연구 결과에서 이렇게 말한다. "전 세계적으로 야외 미세먼지가 연간 최대 150만 명까지 추가 사망을 일으킬 수 있다는 사실이 밝혀졌다. 그것도 지금껏 전혀 예상하지 못했던 매우 낮은 농도에서 일어난 여러 효과가 그런 결과를 낳을 수 있다."

생물 껍데기가 사라진다

먼지는 아주 작아도 순식간에 불행을 불러올 수 있다. 2011년 4월 8일, 메클렌부르크-포르폼메른(Mecklenburg-Vorpommern)에서도 그랬다. 베를린과 로스토크(Rostock)를 잇는 2차선 고속도로 A19에 먼지구름이 몰려왔다. 사고 피해자의 표현대로 그 먼지는 "아래로 내린 하얀 블라인드처럼" 차량을 덮쳤다. 양방향에서 총 85대의 차량이 연쇄 충돌했다. 부상자가 100명 이상, 사망자가 10명이었다.

몇 주 동안 가뭄이 심했다. 최고 시속 100킬로미터의 돌풍이 먼지를 일으켜 고속도로로 날려 보낸 까닭에 운전자들이 앞을 보기 힘들었다.

먼지 연구의 선구자로 마이애미 대학교 해양·대기화학과 명예교수인 조지프 프로스페로(Joseph Prospero)는 그런 먼지 폭풍이 앞으로 더 늘어날 것이라고 예상한다. 그는 40년 전부터 세계 곳곳에 분포한 포집기로 먼지 알갱이 수를 세고 있다. 그는 이렇게 말한다. "1970년대부터 먼지양이 극적으로 증가했다. 측량 초기에 비해 4~5배나 늘었다."

라이프치히 대류권연구소의 물리학자 이나 테겐(Ina Tegen)은 또 이렇게 말한다. "여러 연구 결과가 사막의 지표면 바람이 거세져 먼지 생산이 늘어날 것이라고 예상한다. 앞으로 기온이 더 오를 것이므로 먼지도 증가할 것이다. 이것 역시 기후 변화의 직접적 측면이다."

이나 테겐은 현재 대기 중에 떠 있는 사막 먼지의 절반을 인간이 이용하는 땅에서 나온 것으로 추정한다. 그녀의 말이 맞는다면, 지금의 사막 먼지양은 농업 이전 시대보다 곱절은 더 많은 셈이다.

농업이 집약화할수록 '생물 껍데기', 즉 마른 대지를 덮어 먼지를 제자리에 잡아두는 미생물 매트(microbial mat) 역시 더 많이 없어진다. 균류, 이끼, 미생물이 만드는 이 몇 밀리미터 두께의 '피부'는 모래 접착 효과를 낸다. 그라츠(Graz) 대학의 생태학자 베티나 베버(Bettina Weber)는 연구 결과를 이렇게 정리한다. "모든 생물 껍질을 다 합치면 지구 대기권 먼지 배출의 약 60퍼센트를 줄일 것으로 추정된다." 2070년까지 이 껍질이 기후 변화와 농업 확대로 크게 줄어들 것이다. 감소량은 시나리오에 따라 다르지만 25~40퍼센트다. 당연히 더 많은 먼지가 대기권으로 유입될 것이다.

학자들이 사막 먼지를 골칫거리로 생각한 것은 오래되지 않았다. 하지만 유입되는 아프리카 사막 먼지의 양이 해마다 증가하기 때문에 좋은 쪽이건 나쁜 쪽이건 먼지가 일으킬 놀라운 일들도 늘어만 갈 것이다.

광물화라는 마법

"국토의 생명이 국가의 생명이다. 경작지의 건강에 국가의 운명이 달렸다." 《문명의 생존(Survival of Civilization)》에서 생태학자 존 해메이커(John Hamaker)는 이렇게 말했다. 그리고 이 한마디 말로 재광물화(remineralization) 운동을 일으켰다. 해메이커는 세계의 토양을 채석장에서 나온 암석 먼지로 재광물화해 불모의 땅에 생명을 돌려줌으로

써 기후 변화를 되돌릴 수 있다고 주장했다. 지금도 인터넷에는 그의 뜻을 따라 땅에 먼지를 뿌리기만 하면 건강한 미네랄로 가득한 괴물 채소가 나온다고 열을 올리는 사람들의 영상이 적지 않다. 연간 1억 톤의 먼지를 생산하는 채석업계 역시 열광하고 있다. 이 '돌과 흙을 캐는 업계'가 2022년 독일 전역에서 올린 매출은 약 22억 유로에 달한다.

해메이커 추종자들은 토지의 품질 저하가 지금의 농업 방식 때문이라고 주장한다. NPK 비료, 즉 질산염(nitrate), 인(phosphorus), 칼륨(kalium) 비료를 사용하는 현재의 농업 방식이 문제라는 것이다. 인공 비료에 든 이 화학 원소들이 단기적으로는 수확량을 증대시킬지 몰라도 살충제 사용을 강요해 장기적으로는 오히려 해가 된다고 주장한다.

실제 실험을 해보니 먼지가 과도한 산(酸)을 중화시켜 품질 낮은 토지에 생명을 되돌려줄 수 있다는 결과가 나왔다. 양분이 극도로 적은 토지도 신선한 먼지를 뿌리면 미네랄 함량이 순식간에 달라진다. 최근의 한 연구 결과를 보아도 규산염 암석 가루는 수확량을 높이며 토지의 건강을 개선할 수 있다. 그러나 많은 연구 결과가 말해주듯 암석 가루의 효과에 대해서는 여전히 의견이 분분하며 입증하기도 어렵다.

물론 생물역학적 농업을 추구하는 이들 농부에게 과학 논쟁 따위는 대수가 아니다. 순수주의자들은 빙하 먼지를 선호한다. 빙하 먼지는 화강암 가루처럼 많은 종류의 암석과 다양한 광물을 담고 있기 때문이다. 화산 암석으로 제조한 초생(初生) 암석 가루 역시 광물과 화학 성분이 다양하므로 유익한 양분을 공급하고 땅을 살린다. 수정 가루 역시 동종 요법 제제로 만들어 포도와 포도밭 토양의 힘을 키우는 데 사용한다. 포도주의 품질이 먼지 덕분에 좋은 것인지, 아니면 먼지가 있는데도 좋은 것인지, 이에 대해서는 여전히 의견이 갈린다.

먼지는 왜 하늘을 붉게 물들일까?

대기권에는 수많은 먼지 입자가 태양광을 굴절시킨다. 입자들이 여러 파장의 빛을 반사한다. 단파의 붉은빛은 장파의 빛보다 훨씬 더 입자와 자주 만나므로 우리 눈에는 대기가 '붉게 물든' 것처럼 보인다.

빛의 산란을 설명하는 물리 법칙을 최초로 밝힌 사람은 영국 물리학자 존 틴들(John Tyndall, 1820~1893)이다. 현재의 대기 먼지 함량 측정법은 그의 이름을 딴 '틴들 효과'를 기초로 삼는다. 태양광이 밝게 보일수록 먼지 입자가 빛을 더 많이 굴절시킨다.

화산: 역사를 쓰는 먼지

2021년 9월 19일, 우리 집 주인이 와츠앱(Whats-App)으로 내게 영상 하나를 보냈다. 라팔마(La Palma)의 쿰브레비에하(Cumbre Vieja) 화산이 폭발한 것이다. 이름 없는 서쪽 화구에서 불타는 돌이 솟구쳤고, 불과 재가 마구 뿜어져 나왔다. 붉게 물든 용암이 집을 덮쳤다. 우리 집 주인의 주택도 용암으로 뒤덮였다.

뿜어져 나오는 용암에 든 화산 설쇄암이 2500채 넘는 건물과 집을 부수었다. 쉬지 않고 화산재가 떨어져 섬의 북쪽까지도 검은 재로 뒤덮였다. 몇 주 동안 청소 차량들이 매일 200톤 넘는 재를 쓸어 담았다. 화산은 86일 동안이나 이글거렸다. 카나리아제도의 근대사에서 가장 오랜 기간의 분화였다.

라스팔마스데그란카나리아(Las Palmas de Gran Canaria) 대학교의 생물 다양성과 환경 보호 전문가 페르난도 투야(Fernando Tuya)는 독일 공영 라디오 방송 〈도이칠란트풍크〉에 나와 이렇게 말했다. "용암에 덮인 생물은 바로 죽습니다. 식은 용암에서 다시 새로운 식물이 자라기까지는 몇 년, 아니 몇십 년이 걸릴 테고요. 하지만 장기적으로 보면 불타는 용암이 대서양으로 흘러 들어간 서쪽 해안에서는 이런 일이 '이득'일 수 있습니다. 용암이 형성하는 바위가 바다 동물이 3~5년 동안 살 수 있는 삶의 터전이 될 테니까요."

화산재는 물을 저장하고 인과 칼슘, 칼륨이 풍부하다. 식물의 터전이며 풍성한 수확량을 약속하는 비료다. 수천 년 전부터 인간이 폭발의 위험을 감수하고 굳이 활화산 비탈에 둥지를 틀었던 이유도 이 때문이다.

땅을 부수고 새로운 땅을 탄생시키는 화산 활동의 이런 이중성을 세상 그 어떤 곳에서보다 확실히 목격할 수 있는 곳이 바로 하와이다. 2022년 11월 27일, 세계에서 가장 큰 활화산 마우나로아(Mauna Loa)가 폭발하자 절망한 사람들이 밀려오는 용암 앞에 온갖 제물을 바쳤다. 그 제물로 펠레(Pele) 여신을 달래고자 했다. 폴리네시아 원주민의 옛 전설에 따르면 펠레는 '파괴의 여신'이다. 하지만 별명이 또 하나 있는데, '신성한 땅을 만드는 여신'이다. 그녀는 용암이 바다로 흘러 들어가는 곳에 땅을 만든다. 전설에 따르면, 이 용암은 고운 용암 가닥으로 잦는데, 사실은 펠레의 머리카락이라고 한다. 그래서 그녀는 섬에서 용암석을 가지고 나가는 모든 사람에게 저주를 내린다고 한다. 실제로 하와이 국립공원관리실 방문객 센터에는 도로 가져온 용암들이 쌓여 있다. 관광객이 기념품 삼아 돌을 가지고 갔다가 자꾸 이상한 일이 생겨서 도로 가져다준다고……

인도네시아에서 보나파르트와 프랑켄슈타인으로

탐보라 화산의 폭발 역시 파괴와 소생의 방식으로 유럽 역사에 개입했다. 이 인도네시아 화산은 1815년에 폭발했는데, 그 힘이 히로시마 원자폭탄 1만 개의 위력이었다. 빅토르 위고의 《레미제라블》에도 쓰여 있듯 역사상 가장 강력한 이 화산 폭발은 "심하게 구름이 자욱한 하늘"을 몰고 왔고, "그 하늘은 세상을 멸망시키고도 남았다". 위고가 말한 '멸망'이란 워털루 전쟁을 의미했다. 나폴레옹의 군대가 처참하게 패해 워털루를 패배의 동의어로 만든 바로 그 전투 말이다.

1815년 6월 18일, 프랑스 군대와 연합군의 프로이센 군대가 지금은 벨기에 땅인 워털루에서 만났다. 하지만 워낙 비가 많이 쏟아진 탓에 나폴레옹 군대는 진창에 빠져 허우적거렸다. 당연히 패배했고, 나폴레옹은 나흘 후 프랑스 황제 자리에서 물러났다.

나폴레옹의 패배는 화산 폭발 탓이었지만, 추측만 무성했을 뿐 증거가 없었다. 임페리얼 칼리지 런던의 매슈 겐지(Matthew Genge)가 그 증거를 찾아냈다. 화산 폭발은 이온권의 합선을 유발한다. 이것이 구름 형성을 자극해 폭우가 쏟아진 것이다.

매슈의 말을 직접 들어보자. "지금껏 지질학자들은 화산재가 대기권 하층에 붙들려 있다고 생각했다. 하지만 연구를 해보니 정전기력이 추가되면 부력 하나만 있을 때보다 재가 훨씬 더 높이 뜰 수 있다." 여러 차례의 실험을 통해 그는 대폭발로 지름이 0.2마이크로미터보다 작은 입자가 전기를 띠면 지표면에서 약 100킬로미터 높이인 이온권(ion圈: 대기권 내에서 이온과 자유 전자의 농도가 매우 높게 분포되어 있는 영역—옮긴이)에 도달할 수 있다는 사실을 입증했다. "화산의 연기 기둥과 화산재는 둘 다 음전하를 띨 수 있어 연기 기둥이 재를 대기권으로 높이 밀어 올린다. 이 효과는 2개의 자석이 같은 극끼리 서로 미는 방식과 비슷하다."

화산은 166조 리터라는 어마어마한 양의 먼지와 황 입자, 재를 하늘로 던졌다. 그 먼지가 햇빛을 흡수해 땅에 떨어지는 빛의 양을 줄였다. 거대한 검은 구름이 세상을 뒤덮었다. 그 구름이 유럽에 도착한 1816년은 '여름이 없는 해'였다. 한여름에 눈이 내리고 수확량이 급감해 굶어 죽는 사람이 속출했다.

하지만 화산 폭발은 창의력을 폭발시키기도 했다. 카스파르 다비트 프리드리히(Caspar David Friedrich, 1774~1840: 풍경화로 유명한 독일 낭만주의 화가—옮긴이)는 일몰 장면에 매력적인 붉은 톤과 오렌지 톤을 그려 넣었다. 괴테는 구름을 과학적으로 연구했고, 세상을 어둡게 물들인 그림자는 지금까지도 사람들의 상상을 자극하는 문학적 인물을 만들었다. 바로 프랑켄슈타인이라는 괴물이다.

"주먹만 한 우박과 피처럼 붉은빛이 감도는 비"를 피해 메리 고드윈(Mary Godwin)은 제네바 호숫가의 빌라 디오다티(Villa Diodati)를 자주 방문했다. 이 젊은 여성 작가는 그곳에서 몇 주 동안 문학에 열정적인 세 사람과 즐거운 시간을 갖고 싶었다. 시인 바이런 경과 그의 주치의 존 폴리도리(John Polidori), 미래의 남편인 작가 퍼시 비시 셸리(Percy Byshe Shelley)가 그들이다. 음침한 멸망의 분위기는 네 사람을 자극했고, 괴담이 쏟아졌다. 그런 분위기 덕분이었는지 당시 19세에 불과했던 메리는 진정한 고전 《프랑켄슈타인》을 완성했다.

2010년 4월 14일에 분화한 에이야파들라이외퀴들(Eyjafjallajökull) 화산은 전혀 다른 결과를 가져왔다. 당시만 해도 화산 구름이 비행기에 미칠 위험이 어느 정도인지 확실치 않았기에 국제민간항공기구(ICAO)는 전 세계 항공사에 재로 덮인 지역을 피하라는 지시를 내렸다. "화산재가 있을 때는 농도에 관계없이 무조건 피하라."

화산 구름을 돌아 비행하기란 불가능하므로 분화하는 동안 10만 대의 민간 항공기가 뜨지 못했다. 국제항공운송협회(IATA)가 추산한 피해액은 18억 달러였다.

구름 위를 떠도는 보이지 않는 위험

훗날 아이슬란드 대학교와 코펜하겐 대학교의 공동 연구에서도 입증되었듯 피해는 컸어도 비행 금지 조처는 옳았다. 갓 분출된 화산재를 모아 분석한 학자들은 재의 입자가 너무도 딱딱하고 날카로워서 비행기를 크게 망가뜨릴 수 있었다고 주장했다. 입자가 조종석 창문을 뒤덮고 비행기 엔진을 망가뜨릴 수 있었다는 것이다. 화산재 성분은 50퍼센트가 이산화규소다. 이 원소는 녹는점이 엔진 내부 온도보다 훨씬 낮다. 따라서 빨려 들어간 재가 녹았다 모터 내부에서 다시 굳어버릴 위험이 있다. 최악의 경우 엔진이 멈추어 추진력을 잃을 수도 있다.

재가 매우 옅어져 조종사가 알아차릴 수 없을 정도여도 위험은 줄어들지 않는다. 그 정도로 크기가 작아도 입자는 외통(가스 터빈 연소실의 외벽을 형성하는 통―옮긴이)과 '마찰해' 정전기를 띤다. 그 결과 작은 번개가 발생해 내비게이션과 통신기를 고장 낼 수 있다. 그렇게 되면 독일 쾰른에 있는 독일항공우주센터의 헨드리크 라우(Hendrik Lau)가 말한 대로 "지상의 관제 센터 모니터에서 비행기가 사라진다".

이런 끔찍한 시나리오가 1989년 12월 15일에 실제로 일어났다. 암스테르담의 스히폴(Schiphol) 공항에서 알래스카주 앵커리지(Anchorage)로 가던 'KLM 로열 더치 에어라인'의 보잉 747-400 항공기가 약 8500미터 상공을 비행 중이었다. 그런데 1시간 전 앵커리지 서남쪽 170킬로미터 지점에 있는 리다우트(Redoubt) 화산이 폭발했다. 비행기가 평소와 다름없는 옅은 구름층으로 들어갔을 때, 갑자기 밖이 깜깜해지고 조종석이 갈색 먼지와 유황 냄새로 뒤덮였다. 비행기가 구름에서 빠져나오려고 상승 비행을 시작하고 1분 후, 엔진 4개가 전부 멈추었다. 발전기도 전기 공급을 중단하는 바람에 배터리로 움직이는 기구만 겨우 작동했다. 속도계가 오작동을 일으키더니 아예 멈추어 버렸다. 조종석 경고등이 켜지면서 앞쪽 적재실 한 곳에 불이 났다는 잘못된 정보를 전달했다.

비행기가 상공에서 3킬로미터 이상을 헤매고서야 겨우 조종사는 엔진을 재가동시킬 수 있었다. 비행기의 앞창이 흡사 모래를 뿌린 꼴이라 조종사는 일어서서 조종석 옆 창을 통해 겨우겨우 시야를 확보했다. 그래도 다행히 비행기는 무사히 착륙했고 231명의 승객 모두 안전하게 앵커리지 공항에 도착했다. 그러나 비행기 엔진 4대를 모두 교체하고 래커 칠을 새로 하느라 8000만 달러의 비용이 발생했다.

이렇듯 화산 폭발로 인한 피해가 막심했으므로 항공사는 자체 위험

평가를 바탕으로 운항 여부를 스스로 결정하려 했다. 그에 따라 항공 규정을 완화했고, 이제는 화산재 발생 시 항공사가 오염 지대를 다양하게 구분한다. 2010년 중반부터는 꾸준히 업로드되는 화산재 다이어그램으로 대기의 화산재 오염을 3등급으로 나누어 예보한다. 파란색은 낮은 오염 등급, 회색은 중간 오염 등급, 빨간색은 높은 오염 등급이다. 화산재 농도가 낮은 지역에서는 비행을 허가한다. 그 덕분에 비행 금지 구역의 면적과 기간이 크게 줄었다. 그러나 독일 '뮌헨 재보험(Munich RE)'의 항공 피해 손해평가사 울라 아니카 노르헬(Ulla Annica Norrhäll)은 "지대를 구분하면 화산재 농도가 낮을 때는 비행이 '안전하다'는 인상을 주게 된다"고 경고한다. "모든 엔진이 다 안전하지는 않다. 엔진이 먼지를 얼마나 잘 견딜지 확실하게 예상할 수 없다. 엔진에 따라 차이가 매우 클 수 있다."

현재 전 세계 9곳의 화산재정보센터가 항공사에 화산 폭발과 화산 구름에 대한 실시간 정보를 제공한다. 관제사들이 자기 지역의 모든 비행기를 감시하듯 그곳 학자들이 화산 구름의 높이와 위치를 추적하고 있다. 이들은 위성사진, 화산 관측소, 조종사들이 보내는 정보 등 다양한 출처에서 자료를 끌어모은다. 분화가 시작되면 학자들은 화산재가 완전히 사라질 때까지 최소 6시간에 한 번씩 경고를 발송한다.

카나리아제도의 항공교통관제소 역시 에스파냐 기상청 및 프랑스 툴루즈의 화산재센터와 협력해 쿰브레비에하 화산의 화산재 분출 과정을 열심히 관찰한다. 그런데도 2021년 말에 사고가 일어났다. 테네리페(Tenerife)를 떠나 브뤼셀로 향하던 라이언에어(Ryanair)의 보잉

737-800 항공기 한 대가 출발 후 화산재를 조우했다. 피하려고 애썼지만 이미 재의 입자가 침투해 엔진의 성능을 크게 떨어뜨렸다. 조종사는 회항했고, 이륙 2시간 만에 다시 테네리페 공항에 착륙했다.

위험 관리도 화산재를 피할 수 없다. 화산재는 예측할 수 없는 존재다.

먼지는 왜 떠다닐 수 있을까?

얇은 종이 한 장이나 알루미늄 포일 한 장을 공중으로 던져보자. 둘 다 한동안 이리저리 떠다닐 것이다. 이제 종이나 포일을 공 모양으로 구겨보자. 무게는 같다. 하지만 던지면 바로 바닥으로 떨어진다. 첫 번째 실험에서는 먼지 알갱이의 특별한 성질이 작용했다. 적은 질량에 비해 표면적이 크다. 일정한 크기로 작아진 표면적은 모든 것을 지배한다. 따라서 0.1마이크로미터보다 작은 입자는 한없이 오래 공중에 떠 있을 수 있다.

교부(敎父) 세비야의 이시도르(Isidor von Sevilla, 560~636)는 먼지란 "너무도 가벼워서 공기가 데리고 올라가는 모든 것"이라고 말했다. 그의 정의는 지금까지도 유효하다.

먼지를 사고파는 사람들

엔스 프랑크 마티아크(Jens Frank Mathiak)의 사무실 앞에는 항상 '청소기 먼지 봉투'를 넣는 자루가 하나 놓여 있다. 동료들의 장난인가 싶은 그 자루가 이 화학 엔지니어에게는 반갑기 그지없는 물건이다. 청소기 먼지를 수집하는 그에게 전 세계에서 보낸 봉투이기 때문이다.

키가 껑충하니 크고 마른 이 남자는 DMT의 프로젝트 팀장이다. DMT는 독일 에센(Essen)주에 있는 다국적 기술 서비스 기업이다. 이 기업의 포트폴리오 중에는 시험용 먼지도 포함된다. 청소기, 휴대전화, 자동차 부품, 화장터, 현금 지급기의 성능을 테스트하는 데 쓰이는 먼지다.

일반적인 청소기 먼지는 시험용 먼지로 쓸 수 없다. 너무 균일하지 않기 때문이다. 그래서 합성 시험용 먼지를 개발하는 기초 자료로만 사용한다. 모든 시험용 먼지는 구성이 항상 일정해야 한다. 길이를 재는 자처럼 그 먼지로 기계나 필터의 품질을 측정하고 제품을 비교하기 때문이다.

이런 종류의 먼지를 제조하기 위해 마티아크는 오랜 시간 대도시와 시골, 농가와 병원, 숙박 시설과 양로원의 청소기 봉투를 수집했다. 흡연자와 비흡연자 가정, 싱글과 대가족의 집, 반려동물을 키우는 가정의 봉투도 빼놓지 않았다.

그리고 그 모든 먼지의 표면 상태, 밀도, 조직, 물리적 성질을 조사했다. 조사를 마친 모든 청소기 먼지의 최소 공통분모를 찾아내고, 그것을 '합성 일반-집 먼지'로 '번역'했다. 이름하여 'DMT 시험용 먼지 타입 8번'이다. 그것의 인공 혼합물은 비밀 레시피가 아니다. 'DIN EN 규격 60312'에 정해져 있기 때문이다. 곱게 간 셀룰로스로는 짧은 머리카락의 성질을 흉내 낸다. 빵 부스러기를 대신해서는 과립성 셀룰로스를 첨가한다. 백운암 가루는 광물 먼지 대신이다. 털 먼지는 고가의 이집트산 면섬유로 만든다.

특별한 품질 인증 마크를 원하는 가전제품 제조사라면 상표법의 보호를 받는 이 DMT 시험용 먼지를 피해갈 수 없다. 가령 청소기를 테스트할 경우, 먼저 양탄자에 그 먼지를 정해진 양대로 뿌린다. 양탄자를 여러 개 사용할 때는 모든 제품이 같은 양 떼의 양털로 만든 제품이어야 한다.

그런 후 DIN 규격 규정에 따라 특수한 기계가 정해진 시간 동안 청소기 노즐을 양탄자 위로 민다. 그런 다음 먼지 봉투를 저울에 올려 빨아들인 먼지양을 확인한다. 이 과정을 여러 차례 반복해 섬유 흡수율을 점검하고, 매끈하고 딱딱한 바닥과 틈이 많은 딱딱한 바닥의 먼지 흡수 효율성도 조사한다. 마티아크의 설명을 들어보자. "틈새용 특수 시험 먼지는 마룻바닥 사이에 낀 부스러기를 모방한다. 옛날 집들은 틈의 깊이가 최대 25밀리미터인 곳도 있다." 아시아 국가에 수출하는 청소기 제조사는 시험용 먼지에 완두콩과 쌀알을 추가한다.

기후 변화에 따른 집 먼지의 변화에 대응하기 위해 마티아크는 주기적으로 가정의 먼지 봉투를 수거한다. 시험용 먼지의 기본 레시피가 새로운 요구를 잘 수용했는지 점검하려는 것이다.

DMT는 여러 기업의 개발부에도 시험용 먼지를 공급한다. 가령 자동차 제조사는 와이퍼 문제를 겪는다. 중국의 경우, 유럽보다 와이퍼가 빨리 망가진다. 따라서 DMT는 먼지 저항력을 갖춘 와이퍼 개발을 위해 재현 가능한 중국 먼지를 공급한다.

연방 인쇄국에서는 은행권 먼지를 주문한다. 지폐 파쇄기는 낡은 지폐를 폐기할 때 발생하는 먼지로 인해 잘 망가진다. 시험용 먼지에는 지폐에 있는 면이 함유되어 파쇄기의 미세 조율을 개선할 수 있다. 현금 지급기 제조사도 인공 지폐 먼지로 기계의 성능을 개선한다.

기계가 먼지를 잘 막는지 검증할 때는 그 기계를 환경 체임버(environmental chamber: 여러 가지 주위 환경의 조건을 모방하기 위해 습도, 온도, 압력, 유체 용적, 소음 및 운동 등을 조절할 수 있는 밀폐된 방—옮긴이)로 들여보낸다. 그리고 휴대전화, 탱크 캡, 볼베어링을 격자에 고정하고 그 주변에서 먼지를 일으킨다. 이어 얼마나 많은 먼지가 내부로 들어갔는지 측정한다. 그런 검사에서는 먼지 알갱이의 크기를 각 환경 조건에 따라 맞춘다. 마티아크는 "스포츠카를 두바이에서 몰 때와 노르웨이에서 몰 때는 당연히 차이가 있다"고 말한다. 차를 몰고 다닐 지역의 대기에 부식성 바다 소금이 많으면 아람코(Aramco) 시험용 먼지를 사용하는데, 이것은 석영과 소금 먼지로 만든다.

A2 파인, 애리조나 도로 먼지와 그 밖의 다른 먼지들

미세먼지의 유해성이 알려지면서 공기 필터 시험 방법의 요구 사항도 많아졌다. 'A2 파인(fine)'은 가장 많이 쓰이는 필터 시험 먼지로, 미국 애리조나주에서 이름을 딴 애리조나 시험용 먼지 그룹 중 하나다. DMT의 '한기(寒氣)와 공기 질 제품시험부' 부장 디르크 렌셴(Dirk Renschen) 박사의 설명을 들어보자. "제너럴 모터스는 1930년대에 애리조나 도로 먼지가 엔진의 수명을 격감시킨다는 사실을 확인했다. 지금까지 모든 연소 엔진에 사용하는 엔진 공기 흡입 필터가 탄생한 순간이다. 그리고 이 필터의 성능을 테스트하기 위해 '애리조나 도로 먼지'를 개발했다." 애리조나 도로 먼지는 화장터와 에어컨 필터의 성능 테스트에도 쓰인다. 냉각핀에 먼지가 너무 많이 모이면 단열층과 전자 제어 장치에 오작동이 발생한다.

DMT를 찾는 고객 중에는 시험 먼지와 전혀 상관없어 보이는 기업도 있다. 가령 한 헬스클럽은 기계에서 삐걱거리는 소리가 난다며 이 기업을 찾았다. 그 문제는 스포츠-땀-먼지로 해결했다. 제약 회사와 화장품 기업도 특수 먼지를 주문한다. 아스피린 정제에는 위산에 저항력이 있는 먼지 껍질을 뿌리며, 미용 크림 제조에도 특수 먼지가 필요하다.

DMT는 90종의 먼지를 연간 총 8톤 판매한다. 종류에 따라 가격이 1킬로그램에 약 160유로에 달하는 먼지도 있다. 대부분의 고객은 1~2킬로그램을 주문하지만, 100킬로그램 이상 주문하는 극소수 고객도 있다. 렌셴의 말을 더 들어보자. "어떤 시험에 어떤 먼지를 사용할지 알아내는 게 쉽지 않으므로 우리는 세계 최초로 시험용 먼지 웹 숍을 열었다. 그곳에 들어가서 우리가 판매하는 모든 시험용 먼지를 살펴본 후 어떤 규격을 쓸지 결정할 수 있다. 아주 간단하게 적절한 시험용 먼지를 찾는 것이 가능하다."

더러 개인들도 먼지를 주문한다. 한 번은 세입자가 청소를 잘 하는지 알고 싶다며, 집주인이 세입자 몰래 뿌릴 먼지를 주문한 적도 있다. 또 20킬로그램이나 되는 각질을 주문한 고객도 있다. "그럴 때는 아쉽지만 우리는 기업만 상대한다고 설명을 드린다." 마티아크의 말이다.

이 점은 'KSL 슈타우프테히니크(KSL Staubtechnik)'도 마찬가지다. 역시나 먼지를 취급하는 이 기업은 하필 청소 주간(일주일에 한 번 모든 주민이 모여 공동생활 공간을 청소하는 관습-옮긴이)으로 유명한 바이에른주 슈바벤(Schwaben) 지방의 라우잉겐(Lauingen)에 자리를 잡고 최신 먼지를 생산한다. 바로 태양광 모듈에 쓰는 시험용 먼지다. KSL 슈타우프테히니크의 실험실 실장 슈테판 그로프(Stefan Grob) 박사는 이렇게 말한다. "태양광 모듈 표면에 먼지가 쌓이면 많은 양의 태양광을 막아버린다. 이것을 전기 수치로 환산하면 5기가와트다. 독일에서 마지막으로 가동 중인 핵발전소 3기의 생산량보다도 많다."

솔로 쓸면 모듈 표면이 긁혀서 빛이 빗나간다. 물로 청소하려면 시설 정비 비용의 최대 10퍼센트를 잡아먹는다. 전 세계에서 모듈 청소에 사용하는 물은 200만 명이 충분히 마실 수 있는 양이다.

KSL 슈타우프테히니크는 이 문제를 해결하기 위해 전 세계에서 태양광 발전 모듈의 먼지를 수집해 분석한 후 테스트에 쓸 수 있는 시험용 먼지를 개발했다. 태양광 모듈을 마치 사막 지역인 양 시험용 먼지로 괴롭힌다. 이런 강도의 실험 목표는 먼지가 최소한으로 달라붙는 접착 방지층을 개발하는 데 있다.

미국 케임브리지의 매사추세츠 기술연구소에 재직하는 스리대스 패너트(Sreedath Panat)와 크리파 바라나시(Kripa Varanasi)의 말마따나 "1제곱센티미터당 5그램의 먼지만 있어도 태양광 모듈의 전기 생산량이 50퍼센트 감소한다". 따라서 이들은 새로운 방식, 즉 먼지 입자의 정전기를 이용해 모듈의 먼지를 제거하려 한다.

넓은 면적의 투명 전극판을 태양광 모듈에 붙여 전압을 가한다. 그러면 태양광 모듈에 붙은 먼지가 양전기를 띤다. 그리고 움직이는 알루미늄 전극판으로 태양광 모듈 위를 쓸어낸다. 이 알루미늄 전극판은 음전기이므로 양전기를 띤 모듈 표면에 달라붙은 먼지 입자를 끌어당겨 제거한다.

이렇듯 태양 전지판에서 성가신 존재인 먼지는 우주선에서도 큰 문제를 일으킨다. 가령 우주 먼지 때문에 화성 탐사 차량이 멈춰 서기도 한다. 그래서 미국의 한 연구팀이 표면의 먼지를 제거하는 새로운 디자인을 개발했다. 피라미드 모양에 나노 크기인 이 작은 구조물은 테스트를 해보니 2퍼센트의 먼지만 달라붙었다. 독특한 구조로 인해 먼지 입자가 구조물에 달라붙을 수 없어 자기들끼리 뭉쳤다가 떨어져 내린다.

달 먼지로 만든 전기

태양전지 개발자들에게는 먼지가 골칫덩어리인 것만은 아니다. 달 먼지에서 특정 성분을 얻을 수 있기 때문이다. 이 기술은 달 거주지의 에너지 공급을 보장할 수 있다.

달 먼지 혹은 '레골리스(Regolith)'는 고운 회색 가루 먼지로, 절반이 이산화규소다. 민간 우주 개발 업체 블루 오리진(Blue Origin)은 시뮬레이션 달 먼지를 섭씨 1600도에서 녹여 그 용해물에 전류를 통과시켰다. 그랬더니 전기분해 과정이 일어나 규소를 얻어낼 수 있었다. 이 사실은 태양광 모듈 제작에 매우 중요하다. 달 먼지에서는 유리도 뽑아낼 수 있는데, 이것으로는 태양전지의 보호 피막을 제작할 수 있다. 이 아이디어가 달에서도 통하면, 태양 전지판으로 태양 에너지를 생산할 수 있다. 달은 늘 햇빛을 받고 있으니 말이다.

KSL 슈타우프테히니크가 제작하는 제품은 태양광 모듈용 시험 먼지뿐만이 아니다. 주 생산품은 '이형제'다. 이형제라는 단어가 낯선 사람이 많겠지만, 사실 이형제는 늘 우리 곁에 있다. 밀가루 반죽을 할 때 작업대에 반죽이 달라붙지 않도록 무엇을 뿌릴까? 맞다. 밀가루다. 소금은 통을 열어놓아도 잘 뿌릴 수 있는데, 칼슘과 마그네슘 카보네이트 입자 덕분이다. 잘 갈린 치즈는 냉장고에 오래 보관해도 포장지에 달라붙지 않고 쉽게 떨어지는데, 포장지 안쪽에 뿌려놓은 감자나 옥수수 전분 덕분이다. 간소시지를 눌러 짜면 술술 잘 나오는 이유도 소시지 껍질 안쪽 면에 바른 전분 덕분이다.

이형제는 부엌 바깥에서도 활약을 펼친다. 자전거 타이어 튜브가 마모되지 않고 잘 미끄러지는 것은 활석 가루 덕분이다. 손이 완전히 다 마르지 않은 채로 라텍스 장갑을 껴도 잘 들어가는 것 역시 활석 가루 덕분이다. 붉은 벽돌이나 광물 가루는 테니스 경기에서 신발의 접지성을 제한해 관절에 무리가 가지 않도록 보호한다.

생필품, 자전거 타이어, 테니스장에서 활용하는 이형제 분말은 다양한 크기의 알갱이다. 그러나 지름이 균일한 알갱이를 쓰는 이형제 분말도 있다. 전문가인 그로프의 설명을 들어보자. "가령 종이를 효과적으로 분리할 수 있으려면 분말이 극도로 균일해야 한다." 프린터는 1초당 최대 5장을 인쇄한다. 하지만 종이가 자동으로 쌓이는 만큼 프린트 잉크가 빠르게 마르지는 않는다. 그래서 위에 쌓이는 종이로 잉크가 번지지 않도록 종이에 이형제 분말을 뿌린다. 이 책도 이형제가 없었다면 탄생하지 못했을 것이다.

자동차 앞 유리창에도 이형제 분말이 꼭 필요하다. 이 유리창은 2개의 유리로 만든 이중 접합 안전유리다. 그런데 이 두 유리는 한 번의 작업 과정을 통해 붙여야 한다. 그래야만 두 유리의 곡률 반경 (bending radius)이 정확히 같아져 광학적 오차를 피할 수 있다. 일단 두 유리 사이에 온도 안정성이 높은 칼슘 카보네이트(석회석) 이형제 분말을 뿌린다. 그런 다음 유리창을 포개 오븐에 넣고 섭씨 600~650도에서 가열한다. 그러면 유리가 부드러워져 쉽게 구부릴 수 있다. 그런 다음 유리를 차갑게 식히면 이중 접합 안전유리가 만들어진다.

분말을 뿌리지 않은 상태라면 유리창이 분리되지 않을 것이다. 그러면 두 유리 사이에 포일을 밀어 넣을 수 없다. 포일은 열에 민감하므로 미리 집어넣지 못한다. 하지만 꼭 들어가야 한다. 포일이 들어가야 사고가 났을 때 앞 유리창이 위험한 흉기로 변하지 않는다. 이형제를 꺼내고 포일을 집어넣으면 안전유리가 완성된다.

먼지가 폭발하는 이유는 무엇일까?

아주 특수한 몇몇 경우겠지만 산업 먼지도 폭발 위험이 있다. 먼지 폭발 사례를 적은 최초의 문서 중 하나는 모로조 백작(Graf Morozzo)이 남긴 1795년의 기록이다. 그는 투린(Turin)의 밀가루 저장 창고에서 발생한 사고를 다음과 같이 상세하게 기록했다. "아래층 저장실에서 밀가루를 모으던 젊은이가 위층 저장실의 밀가루를 아래층으로 떨어뜨리기 위해 입구 옆쪽을 파고 들어갔다. 제법 깊이 팠을 때 갑자기 엄청난 양의 밀이 쏟아지면서 두꺼운 먼지구름 생겼고, 벽에 걸려 있던 등잔불의 불이 옮겨 붙으면서 격렬한 폭발이 일어났다."

옛날엔 제빵사들이 파리나 바퀴벌레를 부엌에서 쫓아내기 위해 밀가루를 공중에 흩뿌렸다. 밀가루 구름은 작은 불꽃으로도 불이 붙었다. 쾅! 폭발이 일어나 귀찮은 벌레들은 생을 마감했다. 제분소는 하도 폭발이 자주 일어나 아예 도심에서 추방당했다.

곡물 그 자체는 불을 붙여도 폭발하지 않는다. 하지만 가루는 불꽃이 튀었다 하면 바로 폭발한다. 특정한 크기부터는 표면적이 모든 걸 지배한다. 그러면 대부분의 물질 표면에서 화학 반응이 일어난다.

폭발성은 가루만의 특징이 아니다. 담배, 플라스틱, 나무, 종이, 셀룰로스, 고무, 살충제, 약품, 염료, 석탄은 물론 알루미늄, 크롬, 철, 마그네슘, 아연 같은 금속 분말도 폭발을 일으킨다. 웹사이트 chemie&more.com에서 주장하듯 독일에서는 매일같이 이런 물질로 인한 폭발 사고가 발생한다. 대다수는 금방 진화되지만 1979년 2월 6일 브레멘의 롤란츠(Rolands) 제분소에서 그랬듯 불이 크게 번지기도 한다. 그날 불은 연쇄 반응 때문에 계속해서 폭발을 일으켰고, 그 폭발에 밀가루가 소용돌이치며 흩날리는 바람에 다시 폭발이 일어났다. 사망자 14명, 부상자 17명, 피해액은 무려 5000만 유로였다.

요즘에는 이런 먼지 폭발을 막기 위해 현대식 필터 시스템을 쉬지 않고 가동한다. 측정기가 특정 부피의 공기에서 공중에 뜬 먼지가 일으키는 빛의 약화를 측정해 먼지의 밀도를 잰다. 이 혼합비가 연소 상한선과 하한선을 정한다. 폭발성 없는 먼지도 연구한다. 캐나다 기업 이퀴스피어스(Equispheres)는 전 세계 최초로 "거의 완벽하게 먼지가 없고, 폭발하지 않으며, 불에 타지도 않는" 금속 분말을 개발했다.

그러나 작은 입자 표면에서는 격렬한 화학 반응이 유용하다. 이 원리는 우리 일상에서도 자주 사용된다. 우리가 커피 잔에 붓는 것은 커피콩이 아니라 커피 분말이다. 세탁기에도 일반 비누가 아니라 가루비누를 넣는다. 그래야 거품이 많이 생긴다. 우리가 후추 알갱이를 갈아 먹는 것은 그래야 더 향이 진하기 때문이다.

먼지를 물리친 남자

반세기 전, 전자 부품의 크기가 날로 줄어들고 있을 그때, 먼지는 기술 발전을 가로막는 가장 큰 걸림돌 중 하나였다. 특히 날로 작아지는 핵무기 부품의 경우, 먼지로 인한 고충이 이만저만 아니었다. 뉴멕시코주 앨버커키에 있는 산디아(Sandia) 국립연구소 실험실에서도 먼지 추방이 쉽지 않았다. 그러던 차에 1962년 물리학자 윌리스 휘트필드(Willis Whitfield)가 등장했다. 그가 발명한 무균실은 당시로는 상상도 하지 못했던 반도체 같은 첨단 기술 개발의 문을 열어주었다.

예전에는 먼지 유입을 아예 차단하는 방식으로 먼지 제거에 힘썼다. 흡연은 당연히 금지였고, 흑연 가루를 날리는 연필도 쓸 수 없었다. 노동자들은 특수 작업복을 입고, 특수 장화를 신고, 특수 모자를 썼다. 또 실험실에 들어가기 전 진공청소기를 이용해 몸에 붙은 먼지를 다 빨아들였다. 그렇게 심혈을 기울여도 먼지는 어떻게든 따라 들어왔다. 지름 0.3마이크로미터 이상인 먼지 입자가 실험실 공기 1세제곱미터당 최소 30만 개는 늘 떠돌아다녔다.

"나는 고민했다. 이 작은 괴물들은 어디서 오는 걸까?" 휘트필드는 〈타임 매거진〉에서 천재적일 정도로 간단한 자신의 아이디어를 설명하기에 앞서 이런 질문을 던졌다. 실험실로 들어오는 공기는 무조건 필터를 통과해야 한다. 단, 흡연자가 필터에 입을 대고 연기를 불어도 반대편에서는 깨끗한 공기가 나올 정도로 효율적이어야 한다. 그런 HEPA 필터(high efficiency particulate air filter)는 이미 1940년대에 맨해튼 프로젝트에서 개발되었다. 당시에는 핵폭탄 제조 실험에서 생겨난 방사능 입자를 걸러내는 데 목적이 있었다.

휘트필드는 그 필터로 걸러낸 공기를 약한 미풍 상태로 만들어 작업대와 거기서 일하는 사람들을 스쳐 지나가게 했다. 그래서 옷에 붙은 보푸라기와 연필 먼지, 그 밖의 다른 입자들이 그 깨끗한 공기에 쓸려나갔다. 먼지 알갱이 한 개도 작업대에 내려앉아서는 안 되었다. 공기는 바닥의 격자를 통과해 밖으로 내보냈다. 이렇게 6초에 한 번씩 실험실 공기를 완벽히 교체했다. 세계 최초의 무균실이 탄생한 것이다.

그렇게 간단한 아이디어가 그렇게 기막힌 효과를 낼 줄은 아무도 예상치 못했다. 국립연구소 실험실의 길버트 헤레라(Gilbert Herrera) 실장이 〈뉴욕 타임스〉에서 회상한 대로, 휘트필드가 무균실을 발표하자 "사람들은 그를 사기꾼 취급했다. 그러나 그가 옳았다".

지금은 수많은 기업이 휘트필드의 원칙을 적용한 무균실을 운영하고 있다. 무균실의 공기 질 기준은 이미 1963년에 확정되었다. 미국 물리학자 앨빈 리버먼(Alvin Lieberman)이 발명한 전자 입자 측정기가 그 기준을 실천할 수 있는 물리학적-수학적 뼈대를 마련했다. 현재 ISO 5등급의 무균실이 되려면 공기 1세제곱미터당 머리카락보다 100배 가느다란 먼지 입자가 최대 3500개까지만 허용된다. 비교하자면, 우리가 사는 집의 거실에 떠다니는 먼지 입자는 1세제곱미터당 3500만 개에 달한다.

무균실이 도입되자 서둘러 무균실용 특수 작업복 산업도 등장했다. 무균실에서 일하는 사람들은 대부분 공기를 오염시키지 않으려고 머리끝부터 발끝까지 특수 방호복을 입고 마스크를 착용한다. 음식, 물, 담배는 엄격히 금지된다. 빠른 동작도 금지다. 빠르게 움직이면 공기가 소용돌이치기 때문이다. 시간이 흐르면서 무균실 세탁소, 청소용 수건 제작업체, 청결 관리 서비스업체 등 추가 업종도 등장했다.

컴퓨터 칩 실험실, 전산실, 서버 팜(server farm: 데이터를 관리하기 위해 컴퓨팅 서버와 운영 시설을 모아놓은 곳—옮긴이), 수술실, 바이오 실험실을 막론하고 무균실은 지금까지도 휘트필드의 원칙을 적용한다. 필터로 거른 공기가 쉬지 않고 무균실에 흐른다. 몇 분에 한 번꼴로 공기는 완벽하게 교체된다. 가령 칩 공장에서는 먼지 입자가 공기 10리터당 최대 한 개만 허용된다.

문제는 무균실 운영이 엄청난 에너지를 잡아먹는다는 것이다. 일반 가정에서 쓰는 공기청정기도 마찬가지다. 공기청정기는 1시간당 최대 1000세제곱미터의 공기를 정화할 수 있지만, 절대 공짜가 아니다. 슈티프퉁 바렌테스트(Stiftung Warentest: 독일의 소비자 보호 기관—옮긴이)에 따르면, 매일 8시간 동안 최고 단계로 작동할 때 드는 연간 비용이

청정기 모델에 따라 22~60유로다. 여기에 교체 필터 가격을 추가하면 연간 비용은 최고 220유로까지 치솟는다.

로테크(low tech: 첨단 기술이 아닌 단순 기술—옮긴이) 공기 필터의 경우에는 전기세가 들지 않는다. 이 필터는 이끼를 쓰는데, 공기 중 먼지의 40퍼센트를 제거한다. 센서가 달려 있어 공기 질과 이끼의 수분 상태를 꾸준히 체크한다. 또 마이크로프로세서가 자동으로 수분을 공급한다.

어떤 공기 필터를 사용하든 파리가 낙상하게 생긴 깨끗한 집에도 밖에서 들어온 먼지는 있기 마련이다. '민간요법'으로는 먼지와의 전투에서 절대 승리할 수 없다.

먼지로 우주를 본다

광물학자 마이크 졸렌스키(Mike Zolensky)를 만나고 싶으면 하얀 방호복과 수술실 모자, 마스크, 덧신, 라텍스 장갑을 착용해야 한다. 그가 휴스턴에 있는 NASA의 존슨 우주센터 무균실에서 보여주는 값진 물건에는 먼지 한 톨도 내려앉아서는 안 된다. 그래서 그곳은 병원 수술실보다 10배는 더 깨끗하다.

나는 WPI(World Press Institute)의 장학생 자격으로 미국을 방문했다. 그리고 다른 학자 몇 명과 함께—유리창 너머로—그 역사적 사건을 지켜보았다. 우주를 비행하는 혜성에서 채취한 먼지를 처음으로 검사하는 자리였다. 졸렌스키가 조심스럽게 손바닥만 한 알루미늄 상자를 열었다. 그 안에 5센티미터가 채 안 되는 직사각형의 우윳빛 물체가 들어 있었다. 크기가 1000분의 2센티미터에 불과한 혜성 알갱이들이 시속 15킬로미터의 속도로 그 물체에 떨어져 현미경으로 겨우 보이는 작디작은 흔적을 남겼다. 대부분 바늘구멍처럼 생겼지만 엉킨 나무뿌리 같은 모양도 있고, 작은 공에 뚫린 구멍 같은 모양도 있었다. "혜성이 충돌한 흔적입니다." 졸렌스키가 감동해서 외쳤다. 관람객들이 환호성을 지르며 박수를 쳤다. 이번 모임을 주관한 천문학자 도널드 브라운리(Donald Brownlee)가 큰 소리로 말했다. "대단해요. 기대 이상입니다."

2006년 1월 17일의 그 이벤트가 열리기 이틀 전, 스타더스트(Stardust) 탐사선의 귀환 캡슐이 혜성 먼지 수천 분의 몇 그램을 싣고서 낙하산에 매달린 채 흔들흔들 유타주에 있는 미국 공군의 외딴 실험 지역에 내려앉았다. 46억 킬로미터라는 장거리 출장을 마치고 돌아오는 길이었다. 출발일은 1999년 2월 7일, 화창한 일요일이었다. 델타 II 로켓이 탑재량으로 46킬로그램 무게의 캡슐을 싣고 지구의 중력장을 빠져나갔다.

탐사선은 195일 동안 태양을 여행하면서 태양 입자를 수집했다. 여행의 최고봉은 2004년 1월 2일이었다. 탐사선이 스쳐 지나가는 혜성 '와일드(Wild) 2'의 꼬리를 갉아 먹은 것이다. 말은 쉽지만 사실 이것은 어마어마한 기술이었다. 지구가 공전하면서 별 먼지는 중력 덕분에 다시 한번 제대로 요동쳤다. 그래도 여전히 혜성보다는 훨씬 느렸다. 혜성은 총알보다 10배 빠른 속도로 우주를 질주하니 말이다. 전체 미션의 승패는 이 임무에 달려 있었다. 탐사선이 혜성의 꼬리를 통과하면서 먼지를 끌어모으되 질주하는 입자가 충돌로 인해 파괴되지 않고 탐사선 역시 무사할 것!

그 임무에 성공한 것은 미션의 가장 중요한 기술인, 세계에서 제일

비싼 진공청소기 덕분이었다. 바로 에어로졸이다. 이 물질은 너무나 가벼워서 평균적인 인간 크기 정도의 판을 만들어도 무게가 채 1파운드도 안 된다. 동시에 탄력성이 뛰어나 총알 몇 배의 속도로 쏟아져도 입자가 손상되지 않는다.

학자들은 그 먼지 샘플에서 우리 은하계의 어린 시절을 또렷이 볼 수 있을 것이라고 기대했다. 혜성은 우리 태양계의 기본 건축 자재를 대체로 변함없이 간직하고 있기 때문이다. 그러나 혜성은 도달할 수 없는 먼 곳에 있다. 명왕성이 있는 카이퍼 벨트(Kuiper Belt)에 존재한다. 지구와 제일 가까운 이웃 별 프록시마 켄타우리(Proxima Centauri)는 지구에서 4광년 이상 떨어져 있는데, 카이퍼 벨트와 지구의 거리는 그것의 약 3분의 1이다.

그러나 가끔 혜성이 손에 잡힐 듯 가까이 다가올 때가 있는데, 그럴 경우 혜성은 태양계가 보낸 일종의 택배 배송원이 된다. 와일드 2는 특히나 더 신선한 제품을 가져다준다. 1974년에야 목성에서 태양계 내부로 던져진 혜성이기 때문인데, 그때 이후로 이 혜성은 주기적으로 우리를 찾아온다.

지금까지 천문학자들은 이 혜성이 우리 태양계가 태어나기 전인 약 45억 년 전에 태양계의 바깥 차가운 지역에서 만들어졌다고 생각했다. 그날 이후 냉각해 1950년 미국 천문학자 프레드 휘플(Fred Whipple)이 지은 이름처럼 '더러운 눈덩이'가 되었다고 말이다.

하지만 졸렌스키가 와일드 2의 입자를 현미경으로 분석했더니 얼음덩어리의 잔재가 아니었다. 샘플은 새까맸고, 열기에 타버린 혜성의 바깥 껍질에서 생긴 것 같았다. 열기라고 생각한 이유는 많은 입자의 형태 때문이었다. 입자들이 폭발한 팝콘 모양이었던 것이다.

그 안에 들어 있는 광물의 화학적 구조를 밝히기 위해 졸렌스키는 전 세계 180명의 전문가에게 샘플을 보냈다. 그리고 아무도 예상치 못한 결과가 나왔다. 많은 물질이 태양계의 뜨거운 중심에서 나온 것이었다. 연구팀장 도널드 브라운리의 말을 다시 한번 들어보자. "자기 집 앞마당에서 뉴질랜드의 돌을 발견한 것만큼이나 놀라웠다. 조사 결과는 혜성이 탄생한 장소가 태양계의 차가운 가장자리라는 지금까지의 생각과 전혀 일치하지 않았다."

작고한 천문학자 마이클 에이헌(Michael A'Hearn)은 2017년 〈사이언스〉에서 이렇게 말했다. "혜성 먼지에서 나온 광물은 최대 10분의 1까지 천체가 탄생할 때 섭씨 1700도 넘는 온도로 달궈졌다." 그 즉시 7명의 학자가 〈사이언스〉(314호)에 동의하는 글을 기고했고, 표지는 하늘색으로 반짝이는 에어로졸 주사위로 장식되었다. "별 먼지 미션의 결과는 더 일찍, 더 광범위한 물질 믹싱이 일어났다는 사실을 명확히 입증하며, 이것은 혜성 탄생 이론에 새로운 도전장을 던진다. 이는 열기에 녹은 알갱이가 태양계 깊숙이 던져졌고, 그곳에서 얼음과 차가운 먼지를 만나 녹음으로써 혜성이 되었다는 뜻일 수 있다."

로제타, 필래, 추리

이런 깨달음은 수많은 질문을 제기했고, 혜성 먼지를 더 많이 찾고 싶어 하는 학자들의 열망은 커져만 갔다. 〈쥐트도이체 차이퉁〉의 표현대로 "한 우주선에는 작은 충돌이지만 인류에게는 큰 충돌"이 뒤를 이었다. 우주선 로제타(Rosetta)가 10년 일정의 긴 여정에 올랐다. 정확한 예상 거리는 640억 킬로미터로, 태양계 내부를 지나 훨씬 더 멀리 나아갔다. 그리고 계획대로 2014년 12월 12일 16시 34분, 냉장고 크기만 한 탐사 로봇 필래(Philae)를 혜성 추류모프 게라시멘코〔Tschurjumow Gerassimenko: 줄여서 '추리(Tschuri)'라고 부른다〕에 떨어뜨렸다. 필래가 발목까지 차는 먼지에 터치다운한 광경은 실로 어마어마한 사건이었다. 전 세계가 환호성을 질렀다. 그러나 곧이어 탄식이 터져 나왔다. 몇 달에 걸쳐 추리를 탐사할 예정이던 필래가 배터리가 떨어져 그만 사흘 만에 사망하고 만 것이다.

그래도 불행 중 다행이었다. 필래는 우려했던 것보다 훨씬 많은 것을 측량했다. 필래의 미니 실험실이 혜성의 주요 화학 구성(냄새 없는 수증기, 이산화탄소, 일산화탄소)을 분석했다. 암모니아(오줌 냄새나 매니큐어 리무버 냄새를 생각하면 된다), 이산화황(불붙은 성냥개비), 청산(아몬드 추출물), 황화수소(썩은 달걀)처럼 악취를 풍기는 물질의 흔적도 있었다.

혜성의 냄새를 맡아본다? 사람들이 좋아하지 않을까? 로제타의 연구원 콜린 스노드그래스(Colin Snodgrass)는 이런 생각이 들어 아로마 컴퍼니(Aroma Company)에 그 물질을 모방 제작해달라고 의뢰했다. 그런 다음 그것을 냄새 샘플에 넣어달라고 했다. 잡지 광고 페이지에 붙이는 그런 냄새 샘플 말이다. 그는 그걸 광고 엽서에 붙여 스폰서들에게 보냈다. 그의 아이디어가 성공을 거두었을까? 그는 함구하고 있다.

추리의 질량을 분석한 카트린 알트베그(Kathrin Altwegg) 팀장은 조금 더 진지한 접근법을 택했다. 그녀는 글리신(glycin)을 찾아냈는데, 글리신은 모든 생명체의 단백질을 구성하는 아미노산 중 하나다. "혜성에 글리신이 저장되어 있다는 말은 그 이전에 글리신이 우주 공간의 분자 구름 속 먼지 알갱이에서 생겨났을 수도 있다는 뜻이다. 그것은 글리신이 보편적으로 존재한다는 의미다. 즉, 어디에나 있다는 것이다."

글리신은 혜성은 물론 젊은 지구와 충돌한 유성이 지구의 최초 세포한테 첨가물을 제공했다는 증거다. 유성이 남긴 운석에서도 유기 분자가 확인되었기 때문이다. DNA 형성에 필요한 다섯 가지 염기 중 세 가지(아데닌, 구아닌, 우라실)가 유성에서 발견된 데 이어, 2022년 4월에는 남은 두 가지, 즉 시토신과 티민까지 확인되었다. 홋카이도 대학교의 오바 야스히로(大場康弘) 연구팀이 지구에 내려온 유성의 파편에서 그 둘을 발견했다.

이렇듯 지금은 운석이 학자들의 마음을 단단히 사로잡았지만, 옛 사람들은 운석을 혁명과 전염병의 전조 증상으로 생각했다. 하늘에서 반짝이는 혜성 먼지에 매혹된 사람은 극소수에 불과했다. 그중 한 사람이 이탈리아 천문학자 조반니 스키아파렐리(Giovanni Schiaparelli, 1835~1910)다. 밀라노 천문대 소장이던 그는 해마다 나타나는 페르세우스 유성우를 심도 있게 연구했다. 이런 이름이 붙은 이유는 그것의 출발점(복사점)이 페르세우스 별자리인 것 같았기 때문이다. 페르세우스는 메두사를 때려죽인 그리스의 영웅이다. 그러나 사실 페르세우스 유성우는 별자리와 아무 관련이 없다. 이 별똥별은 혜성 '109P/스위프트-터틀'의 꼬리에서 나온 먼지 입자다. 이 혜성의 이름은 1862년 이것을 최초로 발견한 루이스 스위프트(Lewis A. Swift)와 호레이스 터틀(Horace P. Tuttle)의 이름을 딴 것이다.

스키아파렐리는 계산을 통해 1866년에 지구가 또 한 번 스위프트-터틀의 먼지 궤도와 교차할 것이라는 사실을 알아냈다. 그는 시민들에게 이 장관을 놓치지 말라고 외쳤다. 하지만 예정된 날 쇼는 벌어지지 않았다. 스키아파렐리의 계산이 원칙적으로는 옳았지만, 목성의 영향을 계산에 넣지 않았던 것이다. 목성은 엄청난 질량 탓에 혜성을 끌어당긴다. 우리는 목성한테 감사해야 한다. 위치와 중력 덕분에 목성이 혜성과 소행성들을 계속 궤도에서 이탈시켜 태양계 바깥으로 던져버리지 않는다면, 우주의 천체가 매우 자주 지구와 충돌할 테니 말이다.

만일 스위프트-터틀이 지구로 날아왔다면, 우리는 살아남지 못했을 것이다. 지름이 26킬로미터나 되는 이 혜성은 한때 공룡의 멸종에 이바지한 그 소행성보다 훨씬 더 크다. 스위프트-터틀은 여전히 타원형을 그리며 113년 주기로 태양 주변을 안정적으로 돌고 있다. 태양에 다가올수록 얼음, 얼어붙은 가스와 암석으로 이루어진 혜성 핵에서 강력한 수증기가 뿜어져 나온다. 태양을 향한 바깥층은 최고 섭씨 2000도까지 가열된다. 그때 배출되는 가스와 입자가 멋진 꼬리를 형성해 혜성과 동행한다. 그러나 혜성은 항적운을 남기는 비행기와 달리 꼬리를 뒤에 남기는 게 아니다. 혜성의 꼬리는 태양풍에 밀려 태양의 반대 방향을 가리키므로, 항적운과 달리 비행경로를 향하지 않는다.

노래하는 별과 야광운

먼지 입자는 1초당 최대 50톤까지 소실된다. 특별히 큰 알갱이는 대기권으로 내려오면 그 일부가 보름달보다 더 환하게 빛난다. 그런 빛나는 먼지를 구경하는 것에 그치지 않고 소리까지 들으려는 사람들이 있다. 환상의 왕국에서 온 이야기일까? '별의 노래'는 고대 수메르인과 중국인의 기록에도 남아 있다. 817년 노래하는 유성우가 중국 하늘을 지나갔다. 노래하는 별에 대한 소문은 현대에 와서도 그치지 않았다. 일본의 한 아마추어는 페르세우스 유성우의 소리를 듣기 위해 인터넷으로 전 세계 네트워크를 조직하기도 한다.

다들 미친 것 아닐까? 모두가 한입으로 발광 현상을 볼 수 있는 바로 그 순간에 소리를 들을 수 있다고 주장하니 말이다. 그건 불가능한 일이다. 소리가 약 10킬로미터 상공에서 지상으로 내려오려면 29초 걸린다. 하지만 시각적 이미지는 빛의 속도로 도착한다.

오스트레일리아 뉴사우스웨일스의 주민 10여 명이 별똥별 무리를 목격함과 동시에 지글지글 쉭쉭 소리를 들었다는 이야기를 듣고서 영국 뉴캐슬 대학교의 물리학자 콜린 케이(Colin Keay)가 진상 파악에 나섰다. 그는 실험을 통해 그 현상을 '전자음(electrophony)' 범주에 포함시켰다. 우리가 듣는 것은 '유성의 전자음 소리'라고 말이다. 유성 근처의 엄청나게 뜨거운 먼지 입자들이 복잡한 상호 작용을 해서 낮은 주파수의 전파를 생산한다. 이것이 다시 관찰자 주변의 물질을 진동시켜 관찰자가 그걸 들을 수 있다는 것이다.

먼지와 재가 만든다고 생각했던 특별한 빛도 오랫동안 수수께끼였다. 하얗게 빛나는 고운 구름이 여름밤에 은빛 장막과 파도와 무늬를 만든다. 최초의 목격자 중에는 베를린의 천문학자 오토 예세(Otto Jesse)도 있었다. 그는 거기에 '야광운(noctilucent clouds, 夜光雲)'이라는 이름을 붙여주었는데, 지금도 그러한 현상을 이 이름으로 부른다. 예세와 그의 동료들은 그것이 1883년 순다해협에서 크라카타우(Krakatau) 화산이 대폭발했기 때문에 생겼다고 생각했다. 화산이 폭발하면서 대량의 먼지와 재, 수증기가 대기권에 도달해 구름을 만들었다고 말이다. 하지만 그 이상한 구름은 화산이 폭발하지 않아도 나타난다.

천문학자들은 고개를 갸웃거렸다. 야광운의 높이를 계산하고서는 더욱 고개를 저었다. 구름이 나타나는 것은 지상 80킬로미터보다 더 높은 곳, 즉 대기권의 경계층인 중간권이다. 보통 구름이 머무는 대류권보다 약 8배나 높은 곳이다.

그렇게 높은 곳에 구름이 생기는 이유를 천문학자들은 설명할 수 없었다. 구름이 생기려면 먼지가 필요하다. 먼지 입자의 '접종'을 받아야 거기에 수증기가 응결된다. 그런데 먼지와 재는 보통 중간권까지 올라가지 못한다. 그곳에 먼지 입자가 없다면 야광운은 어떻게 생기는 걸까?

NASA가 AIM(Aeronomy of Ice in the Mesosphere) 위성을 띄우고서야 구름의 비밀이 풀렸다. 야광운의 '응결핵'은 지상의 먼지나 화산재가 아니라 유성 먼지다. 대기권으로 들어오면서 식어버리는 작은 입자들이다. 그것들이 얼음 결정이 되고, 그 결정의 반사된 빛을 우리가 일몰 때 보는 것이다. 단, 지는 태양이 지평선 아래로 6~12도 이상 내려가지 말아야 한다. 여름에만 이 구름을 볼 수 있는 이유는 바로 그 때문이다.

대류권은 최저 섭씨 영하 140도로 지구에서 가장 추운 장소이므로 얼음이 얼 수 있다. 역설적이게도 가장 낮은 온도는 여름에 나타난다. 극지방이 여름에 뜨거워지면, 상대적으로 온화한 젖은 공기가 상승하기 시작한다. 위로 오른 공기는 빠르게 팽창한다. 하지만 팽창하면 식는다. 그러니까 우리의 예상과 달리 위쪽 대기권에서 필요한 그 차가운 온도는 아래 대기권의 공기가 따뜻해지면서 형성된다. 위쪽 대기권에서 수증기가 입자와 만나면 입자들이 응결되어 얼음 결정이 만들어진다. 그리고 이것들이 서로 충돌하며 커져서 덩어리가 된다.

얼음 결정이 반사한 빛은 6월과 7월에 일몰이 많이 진행된 22시 이후에 가장 잘 보인다. 6월 20일 혹은 21일 하지에 바이에른에서는 밤새도록 야광운이 생길 수 있다. 태양이 지평선 아래 16도 이하로는 거의 내려가지 않기 때문이다. 태양이 지평선 아래로 얼마나 내려가느냐에 따라 야광운은 노란색, 은색, 하얀색이 되고 심지어 푸른빛을 내기도 한다. 작은 얼음 입자들은 (붉은) 빛의 장파보다 (푸른) 빛의 단파를 더 강하게 산란하기 때문이다.

낮에는 왜 그런 구름을 볼 수 없을까? AIM 위성 담당 팀장 제임스 러셀 3세(James Russell III)는 이렇게 설명한다. "야광운의 광학적 깊이는 보통 구름보다 낮다." 그래서 낮에는 레이저 레이더나 예민한 위성 센서로만 관찰할 수 있다.

많은 학자들이 야광운을 '지구 변화의 카나리아'로 생각한다. 광산에 위험한 가스가 모이면 카나리아가 미리 알아채는 것처럼 야광운은 기후 변화를 경고한다. 야광운의 발생 빈도가 몇 년 전보다 훨씬 잦다. 이런 사실은 기후 변화의 결과이거나 계속해서 증가하는 온실가스 메탄의 배출량과 관련이 있을 수 있다. 메탄이 성층권의 수분 함량을 올려 대류권으로도 더 많은 물이 올라오는 것이다. 그래서 태양광을 받는 얼음이 더 많이, 더 자주 형성된다.

먼지는 우주의 과거로 들어가는 문을 열어줄 뿐 아니라 닥쳐올 재앙을 알려주는 예언자이기도 하다.

먼지는 왜 딱 달라붙을까?

색연필은 종이에 달라붙고, 분필은 칠판에 달라붙으며, 베이비파우더는 엉덩이에, 화장품은 피부에 달라붙는다. 서로 다른 물체의 입자 사이에서 일어나는 인력(유착) 덕분이다. 진공청소기 필터를 교체할 때 보면 수많은 미세 입자가 들어 있는 걸 확인할 수 있다. 그중 다수는 청소기 필터 망보다도 작다. 그런 미세 입자가 필터를 통과하지 못한 이유는 입자 간 접착력 때문이다.

입자가 작을수록 이런 정전기력과 '반데르발스 힘'의 효과가 더 크다. 노벨상을 받은 네덜란드 물리학자 디데릭 반데르발스(Diderik van der Waals, 1837~1923)의 이름을 딴 반데르발스 힘은 원자나 분자의 상호 작용을 다루기 때문에 '분자 간 힘'이라고도 부른다.

이 인력은 도마뱀붙이가 매끈한 벽을 떨어지지 않고 기어 올라갈 수 있게 하는 두 가지 힘 중 하나다. 두 번째는 물에 젖은 환경에서 물을 빨아들이는 물질 사이에 작용하는 '모세관 힘'이다.

한 물질이 다른 물질과 마찰해 음전기를 띠면 정전기 접착력이 발생한다. 도마뱀붙이의 경우 그 물질은 발바닥에 붙은 수많은 미세 모다.

도마뱀붙이가 발을 무극성 바닥에 내려놓으면, 그 안의 전하가 분리되어 양전하는 바깥, 즉 도마뱀붙이 쪽으로 향한다. 발의 음전하와 바닥의 양전하가 서로를 끌어당기면, 녀석은 무중력에도 전혀 아랑곳하지 않고 벽이나 천장을 따라 기어갈 수 있다.

도마뱀붙이의 수많은 털은 자기 몸무게의 50배나 되는 무게를 짊

어질 수 있다. 비유하자면, 그 털을 우표 하나에 붙일 경우 그 우표로 벽돌 하나를 너끈히 들 수 있다.

그럼 발을 뗄 때는 어떻게 할까? 접착모의 각도를 살짝 바꾸기만 하면 발이 표면에서 떨어진다. 접착력이 사라져 깃털처럼 가볍게 발을 앞으로 옮길 수 있는 것이다.

학자들은 이런 도마뱀붙이의 원리를 이용해 새로운 접착제를 개발하려 노력 중이다. 로봇공학에서는 이미 완벽하게 새로운 도마뱀붙이 원리가 현실화되었다. 그리퍼(gripper)의 접착면 4곳에 수백만 개의 미세모로 이루어진 마이크로 조직을 달면, 매끈한 표면과 접촉할 때마다 반데르발스 힘이 생겨난다. 유착압을 통해 새로운 방식의 붙잡기, 아니 더 정확히 말해 붙이기가 탄생하고, 덕분에 임의의 표면 형태를 가진 평평한, 특히 매끈한 물체를 마음대로 취급할 수 있다. 표면을 살짝 기울이기만 해도 붙은 면은 다시 떨어진다.

예일 대학교의 하디 이자디(Hadi Izadi)는 도마뱀붙이 미세모를 모델로 삼아 먼지 문제를 해결했다. 미술관의 그림에 달라붙는 미세먼지는 레이저를 동원해도 손상 없이 다 제거할 수 없다. 그래서 그는 수많은 미세모가 달린 포일을 개발했다. 그것으로 부드럽게 그림을 톡톡 치면 먼지가 아무 탈 없이 그 미세모에 달라붙는다.

별 먼지 사냥꾼

2015년 2월 16일, 임페리얼 칼리지 런던의 매슈 겐지 교수가 느긋하게 모닝커피를 마시고 있을 때, 북유럽 스타일의 키 큰 남자가 찾아와 작은 알갱이 사진을 내밀었다. 남자는 그 알갱이가 마이크로 운석이라고 철석같이 믿고 있었다.

매슈 겐지를 찾아오는 아마추어 학자들이 적지 않은데, 그가 마이크로 운석의 선구자로 유명한 학자이기 때문이다. 어떤 이는 입자를 찍은 흑백 사진을 내밀기도 하고, 어떤 이는 아예 입자를 가져와 우주 먼지라고 주장한다. 그러나 매번 공장 굴뚝에서 나온 먼지였다.

그 키 큰 남자의 이름은 욘 라르센(Jon Larsen)이었고, 그가 내민 사진에는 초록빛 감도는 감람석(olivine, 橄欖石)이 찍혀 있었다. 그 규소 광물은 지구 어디에나 분포한다. 지표면 대부분이 감람석으로 구성되어 있으며, 보석 페리도트(peridot)는 물론 초록으로 빛나는 하와이 해변에 초록색을 선사하는 것도 감람석이다. 그러나 사진 속 물체는 누가 봐도 감람석의 변이인 고토감람석(forsterite)이었다. NASA의 탐사선이 소용돌이치는 가스와 먼지구름에서 결정 형태의 고토감람석을 찾아낸 적이 있었다. 젊은 별 주변에서 행성 탄생의 기초를 닦는 그 고토감람석을 말이다.

"이건 마이크로 운석이에요. 어디서 찾았죠?" 겐지 교수는 당황해서 물었다. 스웨덴에서 온 남자의 대답은 우주 먼지 추적의 새 시대를 알리는 종소리였다. 그리고 지금까지의 학설을 완전히 뒤집었다.

그때까지만 해도 학자들은 마이크로 운석은 먼지 없는 극지방이나 오지 사막, 심해에서 찾아야 한다고 생각했다. 지상의 영향을 받지 않아 출처 분석이 가능한 입자를 찾을 곳은 거기뿐이라고 믿었다.

그러나 라르센은 2009년 화창한 6월의 어느 날, 노르웨이 남부 브레비크(Brevik)에 있는 자신의 별장 정원에서 아침을 먹다가 이 우주 입자를 발견했다. 영상 통화에서 그는 내게 이렇게 말했다. "갑자기 식탁보 위에 광물 같은 게 보였어요. 햇빛을 받아 반짝였죠. 각이 졌는데, 너무 작아서 미세한 점 같았어요. 궁금했죠. 이게 뭘까? 혹시 우주에서 왔을까?"

라르센은 재즈 기타리스트인데, 젊은 시절부터 취미로 광물을 수집했다. 그 입자를 유심히 관찰한 이유도 그 때문이었다. 그는 우주에서 지구로 왔을지 모를 광물이 더 있을지 모른다는 생각에 수색에 나섰다. "처음에는 깜깜할 때만 찾았어요. 당시엔 인터넷을 뒤져도 우주 입자에 대한 정보가 상당히 희박했죠. 특히 도심에서 찾은 마이크로 운석에 대한 특별한 연구는 거의 없다고 봐야 했죠." 그는 우주 먼지에 어떤 특징이 있는지 열심히 분석했다. 그리고 별 먼지가 거의 다 자력을 띤다는 사실을 알아낸 후로는 어디를 가든 항상 자석을 지참했다. 지금도 그는 평지붕 위에 올라가 먼지를 쓸어 담고, 뒷마당과 주차장에서 먼지를 모은다. 도로 안전지대에 들어갔다가 경찰한테 쫓겨난 적도 있었다. 또 빗물받이를 쑤시고 눈 무더기를 파헤쳤다. 그러는 동안 신선한 운석의 특징을 알아냈다. 바깥쪽 껍질은 새까맣게 녹았고, 절단면은 밝은 회색이고, 밀도가 높아서 같은 크기의 보통 돌보다 무겁다. 그는 먼지를 모으면 그 자리에서 바로 체로 걸러 크기에 따라 입자를 분류한다. 전형적인 마이크로 운석은 크기가 몇백 마이크로미터이고, 아무리 커봤자 최대 몇 밀리미터다. 이어서 강력한 자석을 비닐로 감싼 후 철을 함유한 입자를 골라낸다. 그렇게 찾은 광물을 집으로 가져와 100배율 현미경으로 관찰한다. 라르센의 설명을 더 들어보자. "마이크로 운석의 표면이 유리로 덮여 있으면 지구에 온 지 며칠 혹은 몇 주밖에 안 되었다는 증거입니다. 유리는 아주 빠르게 부식하기 때문이죠. 입자는 총알보다 50배 빠른 속도로 대기권을 질주하고, 그 과정에서 무거운 원소가 안쪽으로 눌려 전형적인 금속 핵이 만들어집니다."

작디작은 보석

라르센은 각 샘플에 표시를 하고, 그걸 찾은 장소의 특징을 기록한다. 차량 통행이 많은 대도시 도로변? 외딴 시골 마을? 해변 또는 산?

그는 2011년 오슬로 에너지기술연구소(IFE)의 지질학자 얀 브랄리 킬레(Jan Braly Kihle)를 알게 되었고, 라르센의 열정에 전염된 이 학자는 미세 입자의 사진을 찍을 수 있는 특수 장비를 만들었다. 이 마이크로 촬영기는 입자 알갱이를 3000배 확대해 컬러 사진으로 찍을 수 있다. 과학 잡지에 실리는 희미한 사진과는 하늘과 땅 차이다. 라르센은 내가 볼 수 있게 웹캠에 사진을 들이밀며 이렇게 말했다. "어떤 땐 풍동(風洞: 인공으로 바람을 일으켜 기류가 물체에 미치는 작용이나 영향을 실험하는 터널형 장치—옮긴이)에 던져 넣은 현대식 자동차 모양이에요. 표면에 반짝이는 진주가 박혔을 수도 있죠. 정말 아름다워요."

라르센의 책 《별 먼지를 찾아서(In Search of Stardust: Amazing Micro-Meteorites and Their Terrestrial Imposters)》에는 그런 사진이 1500장이나 실려 있다. 그는 2015년 그중 몇 장을 매슈 겐지에게 보여주었고, 겐지는 다시 동료들에게 그 사진을 전달했다. 학자들은 의심했다. 기껏해야 유성우가 떨어졌고, 그 직후 라르센이 평소보다 많은 오염되지 않은 입자를 발견한 것으로 생각했다. 특별한 한 번의 사건, 그 이상은 아니라고 여겼다. 겐지는 라르센과 함께 다른 샘플을 찾아 나섰다. 그들은 파리, 오슬로, 베를린의 건물 지붕에서 총 300킬로그램의 먼지를 쓸어 담았다. 거기서 의심되는 알갱이 약 500개를 골라냈다. 그 알갱이에는 마그네슘, 규소, 철이 들어 있었다. 약간의 알루미늄과 칼슘, 크롬, 망간이 추가된 경우도 더러 있었다. 그 화합물을 실험실에서 분석한 결과, 실제로 마이크로 운석이었다.

매슈 겐지는 자신의 학술 논문에서 라르센이 발견한 감람석은 운석이 맞다고 인정했다. "이 입자들은 아마도 지난 6년 동안 지구에 떨어졌을 것이다. 따라서 지금껏 수집된 대형 마이크로 운석 중 가장 새 것이다."

라르센은 '별 먼지 과학수사팀'에 합류했고, 2016년에는 베를린에서 열린 국제운석학회 회의에도 초대를 받았다. 그 자리에서 그가 수집한 운석을 선보이자 열화와 같은 박수갈채가 쏟아졌다. 당연히 그는 회의장 지붕에도 올라갔다고……

한 아마추어가 놀라운 물체를 찾았다는 소문이 네트워크를 통해 빠르게 번져 나갔고, 그 주제에 대해 함께 고민하는 페이스북 그룹이 우후죽순 생겨났다. 전 세계에서 수색 활동이 시작되었다. 베를린 자연사박물관과 베를린 대학교가 공동 조직한 프로젝트 중 하나의 이름은 '마이크로 운석, 베를린 지붕의 우주 보물'이다. 어림잡아 베를린에는 매주 약 50킬로그램의 우주 먼지가 내려오는데, 선별된 20명의 별 먼지 사냥꾼이 평지붕 위에 올라가 100킬로그램의 먼지를 수거했다. 그리고 어두운 박물관 뒷방에서 입자를 현미경으로 분석했다. 그 결과 6점의 후보가 뽑혔고, 그들은 선명도 높은 현미경으로 이것들을 조사했다.

프로젝트 팀장 루츠 헤히트(Lutz Hecht)는 이렇게 설명한다. "우리는 시민들의 과학을 운영하려 합니다. 과학에 대한 이해를 높이고, 우리의 연구가 더욱 인정받기를 바라죠." 실제로 수집과 분류 작업에는 시간과 품이 많이 드는 만큼, 인력이 절대적으로 부족한 상황에서 이 먼지 사냥꾼들은 큰 일손이 아닐 수 없다.

매슈 겐지는 그동안 찾은 운석 중에서도 특히 60점을 소중히 여긴다. 수십억 년 전 지구의 기후를 말해주는 그 운석들을 찾은 데에는 행운도 한몫했다.

겐지는 그것들을 오스트레일리아 서부에서 발견했다. 27억 년 전 툼비아나층(Tumbiana層)의 석회암 위로 떨어진 운석인데, 지구에서 발견한 가장 오래된 우주 암석의 일부다. 겐지와 오스트레일리아 모내시(Monash) 대학교의 앤드루 톰킨스(Andrew Tomkins)는 〈뉴 사이언티스트(New Scientist)〉에 이렇게 썼다. "이 마이크로 운석을 보고 정말 놀랐다. 하지만 제일 놀라운 일은 그 안에 산화철이 들어 있다는 사실이었다." 그 산화철 속에는 초기 대기권의 화학이 냉동되어 있었다. "알갱이가 보물 상자처럼 당시의 기후 수치를 보관하고 있었다. 그 보물 상자를 연 우리는 깜짝 놀랐다. 실험실에서 분석해본 결과, 지구의 원시 기후에 대해 지질 교과서에 실린 내용과는 전혀 다른 사실이 밝혀졌다."

지질 교과서에는 원시 대기권이 주로 질소, 수증기, 탄소로 이뤄져 있다고 적혀 있다. 산소는 24억 년 전에야 생겼는데, '대산화 사건(Great Oxidation Event)'이라고 부르는 거대한 재앙이 그 원인이었다. 산소 생산량이 늘어나면서 원래의 대기권이 뒤집어졌고, 산소가 수많은 혐기성 생물에 독으로 작용해 대다수 박테리아가 축출당하면서 생태적 틈새가 생겼다는 것이다.

그러나 당시 대기권 상층에 있던 산소를 함유한 마이크로 운석의 금속 먼지는 전혀 다른 이야기를 들려준다. 마이크로 운석은 어떻게 산소를 함유할 수 있었을까? 학자들의 설명을 들어보자. "입자는 대기를 통과하는 동안 가열되어 공기 중 산소와 반응한다." 산소 동위원소 분석 결과, 24억 년 전의 산소 함량은 0이 아니었다. 오히려 현대기권의 산소 함량과 같은 약 20퍼센트였다.

학자들은 연구를 통해 수수께끼 같은 그 옛날 산소 충격의 이유를 밝혀냈다. 바로 시아노박테리아였다. 이 남세균(藍細菌)은 지구에서 가장 오래된 유기체 중 하나다. 지금도 이 녀석들은 광합성을 해서 햇빛으로 산소를 생산한다. 그러나 취리히 대학교의 학자들이 밝혀냈듯이 남세균은 지금까지 생각했던 것보다 훨씬 일찍부터 서로 결합해 다세포 군락이 되었다. 매슈 겐지가 발견한 과대 산소는 이들의 작품이었다.

겐지는 환하게 웃으며 말한다. "먼지를 통해 과거를 들여다볼 수 있다니 멋지지 않나요? 바위를 찾아 그 위의 우주 먼지를 긁어내면, 그것이 수십억 년 전 대기권이 어땠는지 알려줍니다. 하지만 기쁨은 5분을 넘기지 않아요. 수집할 때, 그때가 제일 기쁘죠." 이유가 무엇일까? "나머지는 상당히 따분합니다. 수천 시간 동안 현미경을 들여다보죠. 2006년 남극에서 수집한 먼지를 지금도 보고 있거든요. 모으는 데는 몇 분 안 걸렸는데, 그걸 거의 16년 동안 들여다보고 있습니다."

우주 고아

천체광물학자는 평생 한 점의 먼지 알갱이에 매달릴 수도 있다. 거의 모든 입자는 최대 10만 개의 아주아주 작은 마이크로 알갱이로 이뤄져 있다. 그것 모두가 연구 대상이다. 그것들을 다 연구하자면 일단 작은 알갱이를 곱게 갈아야 한다. 그런 다음 표면에 특수 이온빔(ion beam)을 쏜다. 그래야 화학적 지문, 곧 동위원소 구성을 알아낼 수 있다. 본격적인 작업은 이때부터다. 입자가 대기권으로 들어오기 전에 얼마나 빠른 속도로 우주를 날아왔을까?

입자가 지구로 진입할 때 얼마나 뜨거워졌는지를 알면 속도도 알 수 있다. 열에 녹은 원자에서 전형적으로 나타나는 긁힌 자국이 있는가? 그 자국은 마찰 열기를 반영한다. 하지만 그 흔적이 완전히 소실되었다면? 그럴 땐 먼지 입자를 오븐에 넣어 단계적으로 가열한다. 여러 화학 성분은 특정 온도에서 기화한다. 섭씨 1000도에도 여전히 변화가 없다면 기화 반응이 나타날 때까지 천천히 온도를 더 높인다. 그런 식으로 유입 속도를 조심스레 찾아낸다.

화학 구조와 유입 속도가 밝혀지면, 이제 그 우주 고아의 계보를 찾아 나선다. 녀석의 '부모'는 소행성인가, 혜성인가? 어느 은하 구역에서 왔을까?

녀석이 화성과 목성의 궤도 중간, 즉 카이퍼 벨트에서 태양 주위를 도는 혜성의 안개 자욱한 껍질로부터 나왔다고 가정해보자. 중심 행성의 중력에 더해 다른 힘이 녀석에게 가해진다. 이름하여 '포인팅 로버트슨 효과(Poynting Robertson effect)'다. 20세기 초반, 태양광이 먼지 입자에 행사하는 압력을 이론적으로 예언했던 존 포인팅(John H. Poynting)과 하워드 로버트슨(Howard P. Robertson)의 이름을 따서 붙인 이름이다. 이 압력이 20~30마이크로미터보다 크지 않은 입자에 제동을 건다. 그렇게 속도가 느려진 입자는 태양을 한 바퀴 도는 데 (행성과 비슷하게) 1000~1만 년이 걸린다.

많은 입자가 증발하고, 남은 입자들은 충돌해 부서진다. 그러나 카이퍼 벨트의 입자 중 5분의 1이 지구를 향해 돌진한다. 이 입자가 지구에서 90~100킬로미터 거리에 도착하면 또 한 번 제동이 걸린다. 이번에는 우주 공간의 먼지 입자 밀도가 높아지기 때문이다. 몇 킬로미터 더 아래로 내려오면 입자들이 아예 꼼짝도 못 한다. 그래서 대기권 상층에 딱 달라붙는다. 덕분에 그곳에는 먼 우주보다 1세제곱미터당 100만 배나 많은 먼지 입자가 우글거린다. 오도 가도 못 하는 먼지 입자들이 서로 티격태격 싸움질을 한다. 다른 입자나 가스와 아래위로 충돌하고 사방에서 서로를 들이받는다. 그렇게 몇 주 동안 다툼은 그칠 줄 모른다.

그러다 입자가 대기권을 통과해 지표면으로 내려온다. 크기가 정말 정말 작으면 별 피해를 주지 않는다. 0.003밀리미터보다 작으면 흔적도 없이 타버린다. 대기권에 무사히 안착하는 마이크로 운석의 수는 크기가 클수록 줄어든다. 지름이 1.0밀리미터를 넘으면 시속 3만 8000~24만 8000킬로미터의 속도로 대기권으로 떨어진다. 이때 관건은 입자의 낙하 방향이 태양의 공전 방향과 같은지 여부다.

어쨌든 입자는 공기 입자와 격렬하게 마찰해 순식간에 섭씨 1600도 넘는 뜨거운 온도로 가열된다. 이 지점에서 많은 입자가 녹아 증발한다. 하지만 70~90퍼센트는 냉각되면서 유리로 굳어진다. 작은 공을 닮은 그 유리를 '융삭 소구체(ablation globule)'라고 부른다. 지름이 2밀리미터 이상인 입자는 별똥별이 되어 하늘에 반짝이는 흔적을 남긴다.

그러나 영국 리즈 대학교의 존 플레인(John Plane)이 한탄하듯 "대기로 들어온 대부분의 입자는 크기가 2밀리미터보다 작아서 유성 전파

탐지기가 있어야만 찾을 수 있다". 따라서 지구로 떨어지는 별 먼지가 실제로 얼마나 되는지는 아무도 정확히 알 수 없다. '지구 대기권 우주 먼지(Cosmic Dust in the Terrestrial Atmosphere, CODITA)' 프로젝트의 팀장이기도 한 그는 이렇게 말한다. "최근의 측정 결과를 봐도 먼지의 양이 하루 5~270톤을 오간다. 측정과 계산에 따라 전체 먼지양이 심하게 달라지기 때문에 수수께끼는 여전하다."

우주와 대기권 상층에서 측정한 결과는 지상의 수치와 전혀 다르다. 따라서 높은 고도에서 마이크로 운석을 붙잡기 위해 NASA는 1974년부터 성층권 비행선에 집진 장치를 부착했다. 비행선은 주로 지구와 대기권 연구에 투입되는데, 20킬로미터 고도를 한 차례 비행할 때 우주 먼지 추적 용도인 '먼지 깃발'을 장착한다. 물론 수확량은 미미하다. 평균적으로 달라붙는 입자는 1시간당 한 개에 불과하다. 더구나 판독도 힘들다. 이 먼지 집진기에는 연료 입자와 바람에 실려온 생체 물질도 달라붙기 때문이다.

취리히 연방공과대학교의 페를레 슈테르켄(Veerle Sterken)은 이처럼 측정 결과가 들쑥날쑥하므로 '우주 측정 기술의 오류 여부'를 밝히고 싶었다. 이를 위해 그녀는 '우주 먼지 분석기(Cosmic Dust Analyzer)' 같은 측정기에 이산화규소로 코팅한 입자를 빽빽하게 쏟아부었다. 이 분석기는 율리시스(Ulysses: 태양 탐사를 위해 NASA와 유럽우주국이 합작해 만든 탐사선—옮긴이) 미션 때 우주에서 곧바로 날아온 우주 먼지의 첫 측정 데이터를 제공한 바 있다. 그녀의 고백을 들어보자. "그러나 아무리 실험을 해도 은하와 행성계를 이해하는 데 중요한 이 물질에 대해서는 근본적인 허점을 메울 수 없다는 사실만 깨닫는다." 그 물질은 바로 별 먼지다.

영원한 얼음에 갇힌 보물

지구로 날아오는 우주 입자의 진정한 가치를 찾기 위해 학자들은 오지 중 오지로 날아간다. 대기 오염이 적어서 우주 먼지가 고스란히 남아 있기 때문이다. 먼지원이 거의 없는 북극과 남극에선 공기 10리터에 든 입자가 300만 개에 불과하다. 그래서 온도가 낮지만 숨을 쉬어도 입김이 거의 보이지 않는다. 대기 중 먼지 입자가 너무 적어 습기가 응결될 수 없기 때문이다.

뉴햄프셔주 해노버(Hanover)에 있는 한랭지연구소(Cold Regions Research and Engineering Laboratory)의 학자 수전 테일러(Susan Taylor)는 남극을 목표로 삼았다. 더 정확하게 말하면, '아문센–스콧 연구 기지'가 물을 길어다 먹는 샘물이다. "110미터 깊이의 얼음 속에 뻗어 있는 샘물 바닥에 지난 400년 동안 마이크로 운석이 내려앉았다." 남극의 얼음에 안착한 우주 입자들은 책갈피에 끼워 넣은 생화처럼 보관되어 있다. 한 해 한 해 새로운 꽃이 추가된다. 한 해 한 해 새로운 눈이 떨어져 옛 층을 짓누른다. 그렇게 '먼지 책'은 점점 두꺼워지고, 먼지 입자는 원래 모습 그대로 보존된다. 극지방 학자들이 샘에서 물을 길어 먹으면 수백 년 전에 내린 눈을 마시는 셈이다. 어쩌면 30년 전쟁 (1618~1648 독일 전역에서 신교와 구교 간에 벌어진 종교 전쟁—옮긴이)이 일어났을 때나 그보다 훨씬 이전에 내린 눈일지도 모른다.

수전 테일러는 샘물의 구멍 속으로 진공청소기 로봇의 무균 호스를 내려보내 바닥의 입자를 빨아들였다. "크기가 50~800마이크로미터인 우주 입자 1588점을 찾았다. 그 둥근 암석 알갱이들은 대기로 들어와 녹을 때 질량의 최대 90퍼센트를 잃어버렸지만, 그래도 상대적으로 크기가 컸다." 발견한 입자들이 어찌나 예뻤던지 〈네이처〉(1998년 4월 30일)는 표지를 그 검은색 알갱이와 적갈색 알갱이 사진으로 장식했다. 테일러는 〈네이처〉에 매일 약 4톤의 우주 먼지가 지표면으로 떨어진다는 계산 결과를 발표했다. 한 해에 무려 1460톤이라는 얘기다. 2021년 프랑스 학자들은 연구를 위해 남극을 여섯 차례나 다녀왔다. 그리고 해안에서 약 1100킬로미터 떨어진, 프랑스와 이탈리아의 남극 기지 '돔(Dome) C' 근처 고원에 몇 미터 깊이의 구덩이를 팠다. 거기서 부피 60리터의 사각형 덩어리를 채취한 그들은 그 샘플을 무균 상태에서 녹인 후, 필터 시스템을 이용해 먼지 입자를 확인했다. 나머지 작업은 수학에 맡겼다. 마침내 그들은 지구에 연간 약 8800톤의 입자가 떨어진다고 발표했다. 그러나 자신들의 조사 대상을 30~200마이크로미터 입자에 한정했다. 더 큰 돌이나 암석은 연간 10톤 이하에 그쳐 전체적으로 중요하지 않다고 보았기 때문이다.

어떤 수치를 믿건 대부분의 학자는 순수 통계적으로 해마다 1제곱미터당 10개의 우주 입자가 지표면에 떨어진다고 생각한다. 매슈 겐지의 말을 들어보자. "그 말은 우주 먼지가 어디에나 있다는 뜻이다. 도로에도 있다. 당신의 집에도 있다. 어쩌면 당신의 옷에도 우주 먼지가 붙어 있다." 미국 천문학자 도널드 브라운리는 심지어 이렇게까지 말한다. "우리는 숨을 쉴 때 우주 먼지를 들이켠다. 샐러드를 먹을 때마다 먼지를 먹는다."

마이크로 운석을 수집하는 라르센은 어떻게 생각할까? 그동안 그는 2500개의 우주 입자를 수집했다. 하지만 성에 차지 않는다. 그래서 2019년 말 밴드 '노르웨이 핫 클럽(Hot Club de Norvège)'에서 탈퇴하고 오로지 우주 먼지에만 몰두하고 있다. 그는 말한다. "하루 12시간, 일주일에 7일. 사냥은 이제 막 시작되었다."

외계인도 먼지를 일으킬까?

외계인도 지구에 먼지를 남길까? 그렇다면 외계인한테 납치당했다가 풀려났다고 주장하는 사람들의 집 먼지에는 뭔가 아주 특별한 게 있을 것이다. 작고한 윌리엄 레벤굿(William Levengood)은 그들의 집에서 집 먼지를 채취해 분석했다. "현미경으로 보니 유리 같은 작은 알갱이들이 보였다." 미시간주에 있는 '파인랜디아 생물리학연구소(Pinelandia Biophysical Laboratory)'의 생물리학자이던 그는 자기 웹사이트에 이렇게 적었다. 그리고 그 알갱이에서 외부 압력이 아니라 내부 힘으로 생긴 균열을 발견했다고 주장했다.

블랙홀: 거대한 먼지 괴물

1963년 2월 5일, 참신한 아이디어가 번쩍 떠오른 마르텐 슈미트(Maarten Schmidt)는 우주 최강의 먼지 공장으로 인정받는 괴상한 물체 중 하나를 처음으로 발견했다. 그 괴상망측한 우주 물체는 최근까지 학자들이 생각했던 것보다 훨씬 더 많은 먼지를 우주로 뱉어낸다. 먼지 말고 에너지도 분출하는데, 그 양이 전체 은하보다 최대 1000배는 더 많다. 그러나 생긴 것은 영락없는 별이다. 캘리포니아 공과대학교(Caltech)에서 그 물체를 열심히 연구한 마르텐 슈미트도 그저 특별한 별이라고만 생각했다. 그는 아직 이름이 없는 그 물체에 '준항성 전파원(quasi-stellare radio source)'이라는 이름을 붙여주었다. 별하고 비슷한 전파원이라는 뜻이다. 줄여서 '퀘이사(Quasar)'라는 말은 그렇게 탄생한 용어다.

마르텐 슈미트가 당황한 것은 스펙트럼선 때문이었다. 처녀자리에 있는 강한 방사선원(radiation source)의 빛에서 발견한 스펙트럼선이었다. 그런 스펙트럼선은 해당 천구의 성분에 어떤 원소가 들어 있는지를 정확히 알려준다. 그가 '전파원 3C 273(케임브리지 대학교 전파원 카탈로그 3판의 273번째 천체)'이라는 이름을 붙여준 그 물체에서도 흔한 스펙트럼선을 확인할 수 있었다. 그런데 이번에는 자연에 있는 92개 원소 중 그 어느 것에도 해당하지 않았다.

마르텐 슈미트는 궁금증이 일었다. 스펙트럼선이 적색편이(redshift, 赤色偏移)나 청색편이(blueshift, 青色偏移) 탓에 제자리에 있지 않으면 어떻게 될까? 적색편이의 경우 별의 빛이 원래보다 더 붉어지고, 청색편이의 경우 더 파래진다. 두 현상은 순찰차가 다가오거나 멀어질 때 차량 지붕의 스피커에서 나는 소리가 더 높아지거나 낮아지는 현상과 비슷하다.

청색편이는 소리의 증폭에 해당한다. 그러니까 해당 천구가 다가온다는 신호다. 적색편이는 별이 지구에서 멀어진다는 의미다. 별빛은 거의 언제나 적색편이가 된다. 우주는 늘 팽창하고 그로 인해 각 천구는 다른 모든 천구에서 점점 더 멀어지기 때문이다. 별의 적색편이 비율은 0.1퍼센트다.

그러나 마르텐 슈미트가 발견한 현상은 전혀 달랐다. 그래서 그날 저녁에 아내에게 이렇게 말했다. "오늘 황당한 일이 있었어." 전파원 3C 273의 빛에서는 적색편이가 15.8퍼센트로 나타났던 것이다. 그 정도면 초속 4만 7000킬로미터의 '탈주 속도'다. 비교해보자면, 우리 지구는 초속 30킬로미터의 속도로 태양을 돈다. 오랜 계산이 필요치 않았다. 그 물체는 지구에서 38억 광년 떨어져 있었다.

그렇게 먼 곳에 있는데 우리 눈에 보이려면 그 천체의 밝기가 엄청나야 한다. 더 정확히 측정해보니 이해할 수 없는 결과가 나왔다. 그 물체의 밝기가 은하계 전체의 빛보다 밝았던 것이다. 더 충격적인 사실은 그 빛이 은하계보다 10억 분의 1밖에 안 되는 크기의 지역에서 뿜어져 나오고 있었다는 점이다. 예컨대 어마어마한 어떤 힘이 별들을 떠밀어서 그 별들이 이빨을 드러낸 늑대 무리에 둘러싸인 양 떼처럼 은하계 한가운데로 몰려 다닥다닥 붙어 있게 된 것이다.

거대한 이중 배기 장치

퀘이사 3C 273이 갑자기 전 세계 천체물리학자들의 관심 대상 1위로 떠올랐다. 이 광원의 막대한 빛은 어디에서 오는가? 그 '에너지 소구체'를 측정한 결과, 빛나는 은하계의 핵에서 위아래로 거대한 가스와 먼지 분수가 솟구치는데, 그것이 초음속에 도달해 양방향으로 각기 최대 8000만 광년까지 우주 멀리 달려간다. 비교하자면, 우리 은하계의 지름은 10만 광년이다.

그곳에 대체 어떤 기계, 어떤 거대한 화력 발전소가 있기에 전 우주에서 그것의 활동을 감지할 수 있는 것일까? 전 세계에서 전파망원경을 켰다. 그렇게 얻은 '영상'은 충격적인 장면을 보여주었다. '이중 배기 장치' 한가운데에서 빛나는 것은 구체가 아니었다. 너무나도 환한 빛 한가운데에 검은 심연이 떡 입을 벌리고 있었다. 퀘이사의 구동 엔진은 '블랙홀'이었다.

블랙홀은 부서진 별의 사체다. 남은 물질은 계속해서 안으로 빨려 들어간다. 중력이 너무 커서 빛도 빠져나올 수 없다. 그래서 우리는 블랙홀을 직접 볼 수는 없다.

블랙홀 주변에는 수많은 별이 통조림에 들어간 청어처럼 다닥다닥 붙어서 날고 있다. 블랙홀의 인력, 즉 중력이 공간을 강하게 구부리는 바람에 이 별들은 중심으로 빨려 들어가고, 이 과정에서 혼란이 일어난다. 자살하려고 벼랑 아래로 떨어져 내리는 쥐 떼처럼 수천 개의 별과 태양이 검은 목구멍으로 곤두박질친다. 들어가기도 전에 서로 충돌해서 깨지는 별도 많다. 워낙 많아서 관심을 못 받을 뿐 사실이 하나하나가 전부 엄청난 사건이다.

블랙홀 주변의 이런 소용돌이—응축 원반(accretion disk)—에서 물질의 흐름은 거대한 먼지 공장이 된다. "수많은 물질이 먼지 알갱이로 갈려 블랙홀의 회오리바람에 날려간다." 맨체스터 대학교의 시스카 마크윅켐퍼(Ciska Markwick-Kemper)는 이렇게 설명한다. 그녀는 블랙홀 퀘이사 PG 2112+059 주변의 회오리바람을 연구했다. 그리고 암석을 만드는 광물, 산화알루미늄, 산화마그네슘과 지구에서 발견된 수많은 다른 물질들—지구 유기체의 몸에도 들어 있는 화학 원소—을 대량 확인했다.

실제로 블랙홀이 얼마나 엄청난 먼지 괴물인지는 2023년 초, 학자들이 최초로 블랙홀 주변의 먼지구름을 정밀 분석한 후에야 밝혀졌다. 캘리포니아 대학교 샌터크루즈 캠퍼스의 천문학자들이 블랙홀의 퀘이사에서 지금까지 생각했던 것보다 약 10배 더 많은 에너지가 뿜어져 나온다는 사실을 확인한 것이다. 그 전에는 블랙홀이 뿜어내는 먼지양을 현저히 낮게 보았다. 그러나 〈왕립천문학회월보(Monthly Notices of the Royal Astronomical Society)〉에 발표한 그들의 연구 결과를 보면, 방사선을 흡수하는 먼지가 훨씬 더 많다.

이제 남은 과제는 이 먼지 괴물을 더 정밀하게 조사하는 일이다. 현재 천문학자들은 퀘이사―그러니까 블랙홀―가 빅뱅이 일어나고 약 8억~9억 년 후에 생겼다고 생각한다. 그러나 이론적으로 따져보면, 빅뱅이 일어나고 불과 몇 초 동안에 어마어마한 양의 블랙홀이 생겼을 수 있다. 크기는 원자핵만 하지만 질량은 10억 톤에 이르는 그런 꼬맹이 블랙홀 말이다. 유럽우주국의 천체물리학자 귄터 하징거는 어쩌면 그것들이 최초의 별과 은하를 만들어낸 엔진일지도 모른다고 생각한다.

현재 제임스 웹 우주망원경(James Webb Space Telescope, JWST)이 이 초기 우주의 암석 형성 촉매를 찾고 있다. 어떤 것을 찾든 천문학의 새 시대가 시작될 것이다. 그렇게 되면 태초에 별과 은하가 있었던 게 아니기 때문이다. 태초에 블랙홀이 있었다.

가장 작은 것이 가장 큰 것을 되비춘다?

먼지보다 먼지를 잘 끌어당기는 것은 없다. 먼지 알갱이가 서로 마찰하면 전하를 띨 수 있다. 양탄자에 문지른 발이 정전기를 띠는 것과 같은 이치다. 전기를 띤 먼지 입자는 반대 전기를 띤 입자를 끌어당기고, 정전기력 탓에 특정 장소로 모인다.

"침대 밑을 들여다보면 작은 먼지가 뭉쳐 큰 덩어리를 이루고 있을 겁니다. 태양계에서도 그런 일이 일어나지요." 미국 우주 먼지 연구의 선구자 마이크 졸렌스키는 이렇게 말한다. 집 먼지가 침대 밑에 모여 덩어리가 되듯이 우주에서도 우주 먼지가 뭉쳐 점점 더 큰 형체로 자란다. 거실 한가운데에서 우주의 혁명을 경험하는 셈이다. "놀랍지 않나요? 가장 작은 것이 가장 큰 것을 되비추고 있으니까요."

일찍이 17세기에 수학자 요한 베르누이(Johann Bernoulli, 1667~1748)는 의미심장한 말을 남겼다. "가장 작은 먼지에 한 세계가 존재할 수 있다. 모든 것이 이 큰 세계에 맞게 준비된 그런 세계가." 그보다 더 이전에 학자 니콜라우스 쿠사누스(Nikolaus Cusanus, 1401~1464)는 이렇게 말했다. "Omnia in omnibus(모든 것에 모든 것이 담겨 있다)." 모든 사물은 만물의 축소판이다. 알베르트 아인슈타인(Albert Einstein, 1879~1955) 역시 이런 생각을 이어받았다. "먼지 알갱이 하나를 과학적으로 완벽하게 이해하면 바로 그 순간 우주의 마지막 수수께끼도 풀릴 것이다." 작은 태양 먼지와 거대한 우주, 둘은 서로에게 영향을 미친다.

먼지에서 먼지로

"우리 먼지 학자들은 술자리에서 만나면 '건배'라고 외치지 않는다. 첫 잔을 들이켜기 전에 우리는 장례식장에서나 들을 법한 말로 그 첫 잔을 장식한다. '먼지에서 먼지로!' 우리가 진정 무엇인지를 잊지 않기 위해서다." 취리히 연방공과대학교의 천체물리학자 페를레 슈테르켄의 말이다.

먼지와 신의 숨결로 최초의 인간 아담이 탄생했다(〈창세기〉 2장 7절). 그리고 우리의 마지막 여정 역시 먼지에서 끝난다. 가장 별 볼 일 없는 먼지와 가장 소중한 생명의 순환이다. 우리 몸을 미라로 만들거나 꽁꽁 얼린다 해도 피해갈 수 없다. 수십억 년 동안 지구와 이곳의 생명은 예외 없이 그 길을 걸었다. "너는 먼지이니 먼지로 돌아가리라"라는 〈창세기〉 3장 19절의 그 말씀대로.

그러나 죽음이라고 해서 다 같은 죽음이 아니다. 매장인가, 화장인가? 빠르게 타버린 재가 될 것인가, 아니면 흙 속에서 서서히 먼지가 될 것인가? 프랑스 리옹 대학교의 철학자 장필리프 피에롱(Jean-Philippe Pierron)은 말한다. "시신을 땅에 묻는 전통적인 시골의 풍습은 현재 화장이라는 도시의 풍습과 경쟁을 벌이고 있다. 먼지들이 서로 경쟁하고 있다. 땅에서 서서히 부패해 생긴 먼지가 불에 타서 재가 된 먼지와 다투는 것이다." 새로운 장례법은 죽음의 의례가 갖는 상징적 차원과 이별을 극복하는 능력을 무너뜨릴 것이다. 흙의 리듬에 맞추어 서서히 분해된 먼지와 불이 빠르게 태워버린 먼지는 전혀 다른 두 가지 이별 방식을 작동시킬 것이다. 그러나 먼지의 형이상학과 작별 및 죽음의 의식을 결합하는 일은 중요하다. 먼지도 죽음도 기본적이고 근원적인 것을 건드리니 말이다.

피에롱의 말을 더 들어보자. "죽음, 먼지로의 귀환은 일종의 근원으로의 귀환이다. 그럴 때 먼지는 장례식을 통해 세상의 시작과 끝을 길들이고 이별과 죽음을 소화하려는 근원의 기념물이 될 것이다. 먼지와 슬픔은 존재와 무의 틈을 비집고 들어온 제삼의 시공간이 아닐까?"

숨이 끊어지자마자 우리를 구성하는 모든 원소가 우리를 떠나 순환 길에 오른다. 관 속으로 땅의 습기와 함께 박테리아와 균류, 다른 부패균들이 들어온다. 미생물의 활동으로 체내 환경이 변해 염기성이 된다. 연조직이 점차 흐물흐물해지면서 시신에서 탈수가 일어난다. 물이 빠지고 나면 풍부한 산소 공정이 증가해 진짜 부패가 진행된다. 조직의 유기 화합물이 분해되어 조직을 산성화한다. 시신은 매장 후 흙이 되기까지 20~30년이 걸린다. 흙의 상태와 뼈의 물질에 따라 다르겠지만, 뼈는 연조직보다 훨씬 나중에야 먼지가 된다. 그래서 수천 년 된 유골이 발견되기도 하는 것이다.

생태적 안식과 비생태적 안식

매장은 친환경적 장례법이 아니다. 기술과학 관련 블로그 '기즈모도(Gizmodo)'에 따르면 폼알데하이드, 메탄올, 에탄올처럼 시신을 수습하는 과정에서 발생하는 액체가 전 세계적으로 연간 약 2000만 리터씩 땅에 묻힌다. 관과 묘비 역시 자원 집약적이다. '테크 인사이더(Tech Insider)'에 따르면 연간 9000만 미터의 목재와 약 200만 톤의 시멘트, 강철 및 다른 광물이 쓰인다.

네덜란드 응용과학연구소(TNO)에 따르면 화장 역시 매장에 비해 크게 환경 친화적이지는 않다. 시신 한 구당 어림잡아 약 500파운드의 이산화탄소가 나온다. 차량 한 대가 약 1000킬로미터 거리를 달릴 때 배출되는 양이다. 한 해로 따지면 전 세계적으로 680만 톤의 이산화탄소가 화장으로 인해 발생한다. 전 세계 이산화탄소 배출량의 약 0.02퍼센트다.

이산화탄소는 온도가 섭씨 1200도까지 올라가는 화장로에서 발생한다. 그 정도 높은 온도라야 연소 가능한 모든 물질이 재로 변한다. 화장 과정 자체는 50~90분이 걸린다. 화장이 끝나면 뼈와 치아를 재와 함께 수습해 분골기에 넣고 간 후 유골함에 붓는다. 유골함의 무게는 약 2~3킬로그램이다. 독일의 경우 유골함을 집으로 가져갈 수 없다. 장례식이 끝나면 묘지에 안장하거나 화장한 후 유골함에 담아

봉안당이나 수목장에 모셔야 한다. 화장 비용은 250~600유로다.

환경 보호에 대한 관심이 높아지면서 죽은 후에도 그 가치관을 지키고자 하는 사람이 늘고 있다. 유대교식 장례는 수천 년 동안 '친환경적'이었다. 시신을 관에 넣지 않고 아마포에 싸서 매장한다. 이슬람 역시 1400년 전부터 율법에 따라 이런 '자연적' 방법으로 장례를 치르고 있다.

요즘엔 독일에서도 '인간 퇴비화(human composting)'라는 이름의 장례법을 활용하고 있다. 시신을 40일 안에 비옥한 흙으로 탈바꿈시키는 방식이다. 〔이 퇴비장(堆肥葬)은 워싱턴주에서 2019년 처음 도입한 이후 미국 여러 주에서 시행하고 있다. 이런 방식의 장례 서비스를 제공하는 리컴포즈(Recompose)의 대표 카트리나 스페이드(Katrina Spade)는 30대부터 죽음에 대해 고민이 깊었는데, 가축의 사체를 퇴비로 만드는 농가의 방식에서 아이디어를 얻었다고 한다—옮긴이.〕 시신을 꽃이나 낙엽, 짚 같은 식물성 물질 위에 올려 밀폐 용기에 집어넣고 수시로 공기와 열을 주입한다. 그러면 섭씨 약 70도의 온도에서 미생물이 시신을 퇴비로 만든다. (이 상태로 약 30일 동안 미생물에 의해 흙으로 분해되는 과정을 거치면, 뼈와 치아를 포함한 모든 신체가 퇴비화된다. 전 과정이 끝나면 유가족은 그 흙을 건네받아 정원이나 텃밭, 화분에 뿌리거나 지역 공공 토지에 기부할 수 있다—옮긴이.) 독일의 경우에는 이렇게 만들어진 흙을 묘지에 매장해야 한다. 30센티미터 깊이의 땅을 파서 재를 넣은 후 흙으로 덮는다.

대한민국 광주에서 태어나 미국에서 활동 중인 아티스트 이재림 (1975~)은 이런 '자연 유기 환원(natural organic reduction, NOR)'을 위해 특별한 의상을 고안했다. 그녀는 TED 강연에서 균류의 포자로 처리한 '수의(壽衣)'를 선보였다. 피부와 머리카락, 손톱을 매우 빨리 비옥한 흙으로 바꿀 수 있는 옷이다.

'가수분해장(resomation, 加水分解葬)'은 불과 몇 시간 안에 시신을 처리하므로, 뼈와 칼륨 가수분해 용액만 남는다. 시신에 미리 용액을 뿌렸다가 고온과 압력으로 부패를 촉진하는 장치에 집어넣는다.

'빙장(promession, 氷葬)'은 시신을 섭씨 영하 196도의 액화 질소에 담가 냉동 먼지로 만드는 방법이다. 장례가 끝나면 원래 시신 무게의 30퍼센트밖에 안 되는 건조된 작은 입자만 남는다. 비슷한 '수분해장(cryomation, 水分解葬)' 역시 시신을 급속도로 가루로 만든다.

남은 재의 일부는 다양한 방식으로 처리할 수 있다. 가령 작은 다이아몬드로 만들 수 있다. 광고 문구처럼 "매우 개인적인 가치를 갖는 개별적인 기념물"로 말이다. 한 미국 기업은 사냥을 좋아하는 사람들을 위해 재를 넣은 산탄(散彈)을 제작한다.

바다를 사랑하는 사람들에겐 화장과 '바다장'을 결합한 상품이 인기다. 플로리다주의 이터널 리프스(Eternal Reefs)가 이런 장례 상품을 서비스한다. 화장 후 남은 재를 ph 중성인 시멘트와 혼합한 후, 그 잿빛 혼합물로 '리프 볼(reef balls)'을 만든다. 무게가 250킬로그램~1.8톤인 원뿔꼴 모양의 인공 산호초로, 여러 개의 구멍이 뚫려 있고 표면은 거칠다. 유가족은 표면이 굳기 전에 손자국을 남기거나 글씨를 새길 수 있다. 그리고 청동 표지판을 부착한 후 이 '영원의 산호초'를 장례식과 함께 해저로 내려보낸다. 이터널 리프스의 CEO는 이렇게 말한다. "몇 주만 지나도 조류와 불가사리가 터를 잡고, 열대지방의 경우 산호초도 깃듭니다." 유족에게는 인공 산호초의 정확한 좌표를 알려준다. 가격은 인공 산호초의 크기에 따라 2700~7000유로다.

"죽은 후 무한히 넓은 바다로 걸어갑니다. 정말 상상만 해도 아름답지요……" 독일 최초의 비행장(飛行葬) 광고 문구다. 장례지도사 도미니크 크라헬레츠(Dominik Kracheletz)의 설명을 들어보자. "고인의 재를 물에 녹는 유골함에 담아 비행기에 실은 후, 쥘트(Sylt)섬 근처 두 곳의 바다 묘지로 던집니다." 유족은 장지의 좌표와 함께 인증서를 받는다. 가격은 출발 공항에 따라 1300~2000유로다.

미국 기업 메솔로프트(Mesoloft)와 함께라면 다른 방식으로 높이 오를 수 있다. 기구를 이용해 고인의 재를 성층권으로 가져가서 로봇이 뿌린다. 로봇은 유족을 위해 자동으로 영상을 제작한다. 재는 언젠가 땅에 이를 테고, 어쩌면 입자에 달라붙은 빗방울이 되어 떨어질지도 모른다.

죽은 후에 떠나는 우주여행

우주로 가고 싶은 사람들을 위해서는 다양한 형태의 우주장(宇宙葬)이 준비되어 있다. 준궤도(suborbital) 우주장은 최대 7그램의 재를 엄지손가락 크기만 한 캡슐에 넣어 로켓에 싣고 최대 100킬로미터 높이의 대기권으로 보낸다. 그런 다음 로켓이 낙하산을 타고 지구로 내려온다. 궤도장의 경우엔 재를 담은 캡슐이 다시 대기권으로 들어와 타서 없어진다. 준궤도 비행은 이미 100유로 이하 가격으로 제공되고 있다. 궤도장의 비용은 재의 무게에 따라 약 2500유로(1그램)에서 5000유로(7그램)다. 나머지 재는 기존 방식대로 유골함에 담아 처리해야 한다. 지금까지 약 700그램의 재가 미국 기업 셀레스티스(Celestis)의 도움으로 로켓을 타고 우주로 날아갔다. 특히 1998년에는 NASA까지 힘을 보태 유명한 혜성 연구자 유진 슈메이커(Eugene Shoemaker)의 재 몇 그램을 달로 보냈다.

최대한 오래오래 지상에 남고 싶은 사람들에게는 미국 기업 서멈(Summom)이 미라화 장례를 제공한다. "과학과 신비주의 부문에서 우리가 거친 철저한 연구와 경험 그리고 지식이 '현대적 미라화'라는 결실을 낳았다. 의학 기술과 현대 화학, 신비주의 기술을 통합한 것이다." 서멈은 이렇게 광고한다. "우리의 미라화 공정에서도 시신은 전통 방식대로 고운 천(개인의 철학이나 종교를 상징하는 수를 놓아서)으로 감싼다. 청동이나 특수강 관은 금, 세라믹, 보석으로 장식할 수 있다. 가격은 기본 사양이 6만 7000달러이며, 최고가는 수십만 달러에 이른다."

그러나 제아무리 비싼 방법을 택한다 해도 인간이 지구의 종말을 넘어 살아남지는 못할 것이다. 50억~60억 년 후면 태양의 내부 연료가 바닥을 드러낸다. 껍데기에는 아직 수소가 남아 있어, 그곳에서도 핵융합이 일어날 때까지 수소는 계속 가열된다. 그 과정에서 방출된 에너지로 인해 태양은 지금 크기보다 100~150배 팽창해 붉게 빛날 것이다. 아마 지금보다 약 40퍼센트 더 밝을 것이다. 그러면 태양이 증발해 지구는 먼지로 가득할 것이다.

언젠가 태양은 화장터가 될 테고, 그 안에서 지구는 타서 없어질 것이다. 지구의 구성 성분―수정, 화강암, 철, 금, 마그네슘, 규소로 이루어진 먼지—은 태양풍에 휩쓸려 방황할 것이다. 태양이 단말마의 비명을 지르며 마지막 남은 연료를 껍질에서 펌프질하면, 먼지는 그 충격파로 인해 덩어리가 될 것이다. 잘 젖지 않는 밀가루 풀처럼 말이다.

약 10^{14}년이 지나면 지금 우리가 잘 아는 가장 오래된 별들도 불타 없어질 테고, 우주는 암흑이 될 것이다. 그리고 10^{36}년이 지나면 모든 물질이 녹아 없어질 것이다. 물리학자들은 그때가 되면 양성자가 분해될 거라고 예상한다. 우주를 구성하는 물질 중에서는 전자, 양전자, 광자만 남을 것이다.

우주가 죽고 나면 어떻게 될까? 그 시나리오에 관해서는 천체물리학자들 사이에서도 의견이 엇갈린다. 우주가 다시 수축해 새로운 빅뱅이 있을 거라고 주장하는 학자들도 있다. 우리의 우주에서 그러하듯 은하와 태양들이 서로 멀어지지 않고 공동의 중심을 향해 점점 이동할 것이다. 중력은 더 강해지고 또 강해질 것이다. 내부로 향하는 소용돌이, 곧 귀환이 가속화하면서 중력은 더욱더 세질 것이다. '특이점'이 올 때까지, 우주의 전체 질량이 우리 지구 크기만 한 공 속으로 밀려 들어갈 수 있는 그런 특이한 상태가 될 때까지. 어쩌면 그 공의 크기는 축구공만 할지도 모르고, 많은 학자의 주장처럼 핀 머리만 할지도 모를 일이다. 모든 기준이 무의미해질 것이다. 특이점에서는 시간도 공간도 존재하지 않을 테니 말이다.

"우주는 무에서 새로운 에너지를 빌려올 것이다." 천체물리학자 귄터 하징거는 말한다. 밀어내는 힘이 동작의 방향을 뒤집을 정도로 많이 또 많이. 우주는 팽창할 것이다. 그러면 먼지는? 먼지는 부활을 경험할 것이다.

감사의 글

누구보다도 잉그리트 홀칭거(Ingrid Holzinger)에게 특별한 감사의 인사를 전하고 싶다. 마르틴스리트(Martinsried)의 막스 플랑크 연구소에서 일했던 그녀의 전문 지식과 성실함이 없었다면 이 책은 세상에 나오지 못했을 것이다. 중요한 지적과 격려를 아끼지 않은 과학 기자 마논 바우크하게(Manon Baukhage)에게도 감사의 마음을 전하고 싶다. 팩트 체크는 뤼벡 대학교의 전신염증연구소 다니엘 자일러(Daniel Seiler) 박사의 몫이었다. 그에게 특별히 감사드린다. 또 뛰어난 능력과 창의력으로 이 책을 함께 만들어준 나의 편집자 헨드리크 하이스테르베르크(Hendrik Heisterberg)에게도 고마움을 전하고 싶다. 골트만 타셴부흐(Goldman Taschenbuch)의 편집자 기아나 슬롬카(Gianna Slomka), 이 책의 출간을 도운 미하엘 멜러(Michael Meller) 저작권 에이전시의 니클라스 슈몰(Niclas Schmoll)에게도 감사한다. 마지막으로 NASA 존슨 우주센터의 마이클 졸렌스키, NASA 공보담당관 닐루파르 람지(Nilufar Ramji), 나를 지지해준 모든 과학자에게 감사의 인사를 전한다.

참고문헌

01 태초에 먼지가 있었다

"Als im All das Licht anging", 21.9.2010, www.wissenschaft.de/astronomiephysik/ als-im-all-das-licht-anging.

Rifkin, Jeremy: *Das Zeitalter der Resilienz*, Campus 2022.

02 먼지는 인간 문화의 원료

Meyer, Matthias et al.: "A High-Coverage Genome Sequence from an Archaic Denisovan Individual", in: *Science*, 30.8.2012, Band 338, Nr. 6104, S. 222-226, doi.org/10.1126/science.1224344.

Kaplan, Robert: "Die Geschichte der Null", Piper 2003.

03 먼지 계산

Trierweiler, Robert: *Staub: Natürliche Quellen und Mengen*, Springer Fachmedien 2020.

Osipov, S., Chowdhury, S., Crowley, J. N. et al.: "Severe atmospheric pollution in the Middle East is attributable to anthropogenic sources", in: *Communications Earth & Environment* 3, 203, 22.9.2022, doi.org/10.1038/s43247-022-00514-6.

McKenna, Maryn: "Wildfire Smoke May Carry Deadly Fungi Long Distances", *Wired*, 10.10.2022.

Mulliken, J. S.: "Is Exposure to Wildfires Associated with Invasive Fungal

Infections?", Vortrag beim American Transplant Congress am 1.6.2019, atcmeetingabstracts.com/abstract/is-exposure-to-wildfires-associated-with-invasive-fungal-infections/.

Yu, Y., Ginoux, P.: "Enhanced dust emission following large wildfires due to vegetation disturbance", in: *Nat. Geosci.*, (2022), doi.org/10.1038/s41561-022-01046-6.

"The Microbes In Your Home Could Save Your Life", 7.7.2015, www.popsci.com/bugged/.

"Infektionen an Finger und Zehennägeln durch Pilze und Bakterien", *Der Hautarzt*, 11.4.2014, doi.org/10.1007/s00105-013-2704-0.

"Die Staubbelastung in der Podologiepraxis", https://der-fuss.de/die-staubbelastung-in-der-podologiepraxis/.

Zu Allergien in Deutschland: de.statista.com/themen/9844/allergien/#topicHeader__wrapper, www.medica.de/de/News/Archiv/Welt-Asthma-Tag_2021.

Koziel, Jacek et al.: "Gas-to-particle conversation between ammonia, acid gases and fine particles in the atmosphere", in: *Animal Agriculture and the Environment*, National Center for Manure and Animal Waste Mana gement White Papers, MI: ASABE, 2006, S. 201-224, dr.lib.iastate.edu/handle/20.500.12876/1460.

04 나의 먼지 엑스포솜과 나

Trumble, Benjamin C. and Finch, Caleb E.: "The Exposome in Human Evolution: From Dust to Diesel", *Q Rev Biol.* 12/2019, 94(4): S. 333-394, doi.org/10.1086/706768.

Tõnisson, Liina et al.: "From Transfer to Knowledge Co-Production: A Transdisciplinary Research Approach to Reduce Black Carbon Emissions in Metro Manila, Philippines", in: *Sustainability*, 1.12.2020, 12(23), 10043, doi.org/10.3390/su122310043.

Colt, J., Lubin, J., Camann, D. et al.: "Comparison of pesticide levels in carpet dust and self-reported pest treatment practices in four US sites", *Journal of Exposure Science & Environmental Epidemiology* 14, S. 74-83, 2.1.2004, doi.

org/10.1038/sj.jea.7500307.

"A sharp intake of breath", in: *The Guardian*, 22.4.2004, www.theguardian.com/chemicalworld/story/0,,1219598,00.html.

Freeman, Natalie: "Incidental Influences on Total Soil Dust Ingestion", Agency for Toxic Substances and Disease Registry, Atlanta, www.atsdr.cdc.gov/child/3_1.html.

Holmes, Hannah: *The Secret Life of Dust*, Wiley 2003.

05 먼지 범벅 미니 동물원

van Bronswijk, Johanna E. M. H.: "House-dust ecosystem and house dust allergen", in: Acta Allergol. 1972, 27(3), S. 219-228, hdl.handle.net/2066/148638.

Lu, Chensheng et al.: "Pesticide exposure of children in an agricultural community: evidence of household proximity to farmland and take home exposure pathways", in: *ScienceDirect*, 11/2000, doi.org/10.1006/enrs.2000.4076.

Wang, Eugene et al.: "Effects of Environmental and Carpet Variables on Vacuum Sampler Collection Efficiency", in: *Applied Occupational and Environmental Hygiene*, Bd. 10/2, S. 111-119, 24.2.2011, doi.org/10.1080/1047322X.1995.10389292.

Brownlee, John: "A Carpet That Hooks Up To Your Radiator To Kill Dust Mites", 29.7.2015, www.fastcompany.com/3049152/a-carpet-that-hooksup-to-your-radiator-to-kill-dust-mites.

Zeldovich, Lina: "A Holiday Guest Is Leaving Dangerous Poop in Your Couch", in: *Nautilus*, 31.10.2017, nautil.us/a-holiday-guest-is-leaving-dangerous-poop-in-your-couch-2-236867/.

06 먼지의 DNA

Roger, Fabian, et al.: "Airborne environmental DNA metabarcoding for the monitoring of terrestrial insects—A proof of concept from the field", in: Environmental DNA, 11.3.2022, doi.org/10.1002/edn3.290.

Krumenacker, Thomas: "Ein Hauch von Nashorn", 13.2.2022, www.spektrum.

de/news/edna-ein-hauch-von-nashorn/1986595.

Roger, Fabian, et al.: "Airborne environmental DNA metabarcoding for the monitoring of terrestrial insects—a proof of concept", 26.7.2021, doi.org/10.1101/2021.07.26.453860.

Locard, Edmond, "The Analysis of Dust Traces. Part I", in: *The American Journal of Police Science 1*, Nr. 3 (1930), S. 276-298.

Locard, Edmond: "Staubspuren als kriminalistische Überführungsmittel", in: *Archiv für Kriminologie (Kriminalanthropologie und Kriminalistik)*, Band 92, 3. u. 4. Heft (1933), S. 148-156.

Meyer, Roland: "Flüchtige Verteilung: Staub als Medium von Spuren", in: Gethmann, Daniel und Anselm Wagner (Hg.): *Staub. Eine interdisziplinäre Perspektive*, Lit 2013, S. 133-150, https://www.academia.edu/7490892/Fl%C3%BCchtige_Verteilungen_Staub_als_Medium_von_Spuren149.

Meyer, Roland: "Fast Nichts. Lektüren des Staubs", in: Frank, Michael C. et al. (Hg.): *Zeitschrift für Kulturwissenschaften: Fremde Dinge*, transcript 2007, S. 113-124.

Schuppli, Susan: "Impure Matter: A Forensics of WTC Dust", in: *Savage Objects*, Imprensa Nacional Casa da Moeda, Portugal, 2012, S. 120-140.

07 꽃가루: 자연의 가장 값비싼 유혹

Niklas, Karl. J.: "Simulated and empiric wind pollinationpatterns of conifer ovulate cones", in: *Proceedings of the National Academy of Sciences of the USA*, Vol. 79, 1982, pp. 510-514.

Müller, Fritz: *Kosmos* Bd. 1, 1877, S. 388ff, Bd. 2, S. 38.

08 책 전갈과 먼지 일기장

Bruxelles, Simon: "A better class of dust falls an National Trust", in: *The Times*, 4.3.2002, S. 3.

Motluk, Alison: "Grime fighters", in: *New Scientist*, 26.7.2003, https://www.newscientist.com/article/mg17924055-900-grime-fighters/.

Dillon, Brian und Najafi, Sina: "Elementary Particles: An Interview with Peter Brimblecombe. Sneezing in the library", in: *Cabinet Magazine*, Nr. 20, https://www.cabinetmagazine.org/issues/20/dillon_najafi_brimblecombe.php.

Lloyd, Helen et al.: "The effects of visitor activity on dust in historic collections", in: *The Conservator*, Nr. 26, S. 72-84, 2010, doi.org/10.1080/01410096.2002.9 995179.

Ryhl-Svendsen, Morten: "Indoor air pollution in museums: prediction models and control strategies", in: *Studies in Conservation*, Bd. 51 sup1, S. 27-41, doi.org/10.1179/sic.2006.51.Supplement-1.27.

Lithgow, Katy: "Managing dust in historic houses—a visitor/conservator interface", Vortrag beim ICOM—Committee for Conservation 14th Triennial Meeting in Den Haag, 12.-16.9.2005.

09 시시포스의 먼지

"Quentin Crisp and the dust bunnies", 23.10.2015, mykidlovesbroccoli.wordpress.com/2015/10/23/quentin-crisp-and-the-dust-bunnies/.

"Die neue Macht des Putzens", https://www.ikw.org/haushaltspflege/wissen/die-neue-macht-des-putzens.

Sophie Hinchliffe: www.instagram.com/mrshinchhome/.

C. Gröner et al.: "Belastung und Beanspruchung von Beschäftigen in Archiven und Bibliotheken durch Schimmelpilze und Milben", in: *Mikrobiologie* 66, Nr. 9, 2006.

Stennis, John C.: "Interior Landscape Plants for Indoor Air Pollution Abatement", NASA Space Center Bay Saint Louis, Document ID 19930073077, 15.9.1989.

잠깐! 미세먼지 가나다

Gourd, Elizabeth: "New evidence that air pollution contributes substantially to lung cancer", Vortrag beim European Society of Medical Oncology congress, 15.9.2022, doi.org/10.1016/S1470-2045(22)00569-1.

"Bremsscheibe verringert Feinstaub um 90 Prozent", in: *Frankfurter Allgemeine*

Zeitung, 18.11.2017, Nr. 268, S. 27.

"Fußball: Feinstaub senkt Leistungsfähigkeit", 28.2.2016, www.dw.com/de/
fu%C3%9Fball-feinstaub-senkt-leistungsf%C3%A4higkeit/av-19078541.

Prada, Diddier: "Air pollution and decreased bone mineral density among
Women's Health Initiative participants", doi.org/10.1016/j.eclinm.2023.101864.

Zu landwirtschaftlichen Emissionen: www.duh.de/themen/luftqualitaet/
luftverschmutzung-quellen/landwirtschaftliche-emissionen/.

Umweltbundesamt_Staub_www.umweltbundesamt.at/umweltthemen/luft/
luftschadstoffe/staub.

10 먼지: 기후 킬러인가, 기후 구원자인가

Kok, J. F., Storelvmo, T., Karydis, V. A. et al.: "Mineral dust aerosol impacts on
global climate and climate change", in: *Nature Reviews Earth & Environment*,
17.1.2023, doi.org/10.1038/s43017-022-00379-5.

Struve, Torben et al.: "Systematic changes in circumpolar dust transport to
the Subantarctic Pacific Ocean over the last two glacial cycles", in: *PNAS*,
21.11.2022, doi.org/10.1073/pnas.2206085119.

Neukom, R., Steiger, N., Gómez-Navarro, J. J. et al.: "No evidence for globally
coherent warm and cold periods over the preindustrial Common Era", in:
Nature 571, S. 550-554, 24.7.2019, doi.org/10.1038/s41586-019-1401-2.

Brönnimann, S., Franke, J., Nussbaumer, S. U. et al.: "Last phase of the Little
Ice Age forced by volcanic eruptions", in: *Nature Geoscience* 12, S. 650-656,
24.7.2019, doi.org/10.1038/s41561-019-0402-y.

Neukom, Raphael et al. (PAGES 2k Consortium): "Consistent multidecadal
variability in global temperature reconstructions and simulations over the
Common Era", *Nature Geoscience* 12, S. 643-649, 24.7.2019, https://doi.
org/10.1038/s41561-019-0400-0.

"Mit Climate Engineering das Klima retten?", *GEOMAR*, 4.5.2012, www.geomar.
de/news/article/mit-climate-engineering-das-klima-retten.

"Air Pollution Can Prevent Rainfall. American Association For The Advancement

Of Science", in: *ScienceDaily*, 14.3.2000, www.sciencedaily.com/releases/
2000/03/000314065455.htm.

Beerling, D. J., Kantzas, E. P., Lomas, M. R. et al.: "Potential for large-scale CO_2
removal via enhanced rock weathering with croplands", in: *Nature* 583, S. 242-
248, 8.7.2020, doi.org/10.1038/s41586-020-2448-9.

"How to Cool a Planet With Extraterrestrial Dust", in: *New York Times*, www.
nytimes.com/2019/09/18/science/asteroid-ice-age-dust.html?searchResult
Position=46.

11 지구의 먼지 기억은 어떻게 소멸하는가

Goelles, T. und Bøggild C. E., Greve, R.: "Ice sheet mass loss caused by dust
and black carbon accumulation", in: *The Cryosphere*, Band 9, Nr. 5, S. 1845-
1856, 22.9.2015, doi.org/10.5194/tc-9-1845-2015.

Campbell, Karley et al.: "Monitoring a changing Arctic: Recent advancements
in the study of sea ice microbial communities", in: *Ambio*, doi.org/10.1007/
s13280-021-01658-z.

Praetorius, S.: *The Great Forgetting*, Nautilus 2022.

McConnell, J., et al.: "Lead pollution recorded in Greenland ice indicates
European emissions tracked plagues, wars, and imperial expansion during
antiquity", in: *Proceedings of the National Academy of Sciences* 115, 2018,
S. 5726-5731.

Milman, Oliver: "Greenland: Enough ice melted on single day to cover Florida in
two inches of water", in: *The Guardian*, 30.7.2021.

Garrison, C. und C. Baldwin, M. Hernandez: "Scientists scramble to harvest ice
cores as glaciers melt", 13.9.2021, www.reuters.com/lifestyle/science/scientists-
scramble-harvest-ice-cores-glaciers-melt-2021-09-13/.

Johnstone, J. F. et al.: "Changing disturbance regimes, ecological memory, and
forest resilience", In: *Frontiers in Ecology and the Environment*, Bd. 14/2016,
S. 369-378.

Jonas, M., Bun, R., Ryzha, I., Zebrowski, P.: "Quantifying memory and persistence in the atmosphere-land and ocean carbon system", in: *Earth System Dynamics*, Bd. 13/2022, S. 439-455.

Lüthi, Dieter et al.: "High-resolution carbon dioxide concentration record 650,000-800,000 years before present", in: *Nature*, Bd. 453, 2008, S. 379-382, doi.org/10.1038/nature06949.

Bauska, Thomas: "Ice cores and climate change", in: *British Antarctic Survey*, 30.6.2022, www.bas.ac.uk/data/our-data/publication/ice-cores-and-climate-change/.

Farmer, Jared: *The Ancient Wisdom Stored in Trees*, Nautilus 2022.

12 사막 먼지가 삶과 죽음, 황금을 가져다준다

Struve, Torben et al.: "Systematic changes in circumpolar dust transport to the Subantarctic Pacific Ocean over the last two glacial cycles", in: *PNAS* 119 (47), doi.org/10.1073/pnas.2206085119.

Zu EMIT—Earth Surface Mineral Dust Source Investigation: earth.jpl.nasa.gov/emit/.

Smith, Derek: "Bacteria travel thousands of kilometers on airborne dust", in: *Eos*, 103, 22.11.2022, doi.org/10.1029/2022EO220544.

Mason, B. J.: "Personal reflections on 35 years of cloud seeding", S. 311-327, 13.9.2006, doi.org/10.1080/00107518208237084.

Szmidt, A. K. und Ferguson, J.: "Co-utilization of Rockdust, Mineral Fines and Compost" 2004, www.remineralize.org/2009/10/co-utilization-of-rockdust-mineral-fines-and-compost/.

Hamaker, John: "The Survival Of Civilization", Hamaker-Weaver Publishers 1983.

13 화산: 역사를 쓰는 먼지

Shaler, N. S.: "The Red Sunsets", in: *The Atlantic*, April 1884 Issue, https://www.theatlantic.com/magazine/archive/1884/04/the-red-sunsets/376173/.

14 먼지를 사고파는 사람들

"DMT: Simulation mit Prüfstaub, Normstaub und Teststaub", www.dmt-group. com/de/produkte/pruefstaeube.html.

KSL Staubtechnik GmbH: www.ksl-staubtechnik.de.

15 먼지를 물리친 남자

Whitfield, Willis: "Vater des Reinraums", in: *Exyte Technology*, 20.07.2021, www.reinraum.de/news.html?id=7218.

16 먼지로 우주를 본다

Heck, Philipp R. et al.: "Lifetimes of interstellar dust from cosmic ray exposure ages of presolar silicon carbide", 13.01.2020, doi.org/10.1073/pnas.1904573117.

Oba, Y. et al.: "Identifying the wide diversity of extraterrestrial purine and pyrimidine nucleobases in carbonaceous meteorites", in: *Nature Communications* 13, 2008, 26.04.2022. doi.org/10.1038/s41467-022-29612-x.

"Kometenstaub gibt Geheimnisse preis", 30.1.2009, https://www.scinexx.de/dossierartikel/kometenstaub-gibt-geheimnisse-preis/.

A'Hearn, Michael F.: "Whence Comets?", in: *Science* 314/2006, S. 1708-1709.

A'Hearn, Michael F.: "Fly-through at Wild 2", in: *Nature*, 2004, 429. Jg., Nr. 6994, S. 818-819.

"A sprinkle from Stardust yields surprise", 14.12.2006, https://www.nytimes.com/2006/12/14/health/14iht-comets.3904093.html.

Keller, L. P. et al.: "Evidence for a significant Kuiper belt dust contribution to the zodiacal cloud", in: *Nature Astronomy*, 14.4.2022, doi.org/10.1038/s41550-022-01647-6.

"Stardust-Next: NASA's Most-Traveled Comet Hunter", 25.1.2011, https://www.jpl.nasa.gov/videos/stardust-next-nasas-most-traveled-comet-hunter.

Hanlon, Mike: "Aerogel: The world's lightest solid", 4.6.2004, https://newatlas.com/aerogel-the-worlds-lightest-solid/1740/.

Rong, P. P. et al.: "AIM CIPS PMC tracking wind product retrieval approach and first assessment", in: *Journal of Atmospheric and Solar-Terrestrial Physics*, v.209, 1.11.2020, National Science Foundation, doi.org/10.1016/j.jastp.2020. 105394.

Gerding, M. et al.: "Diurnal variations of midlatitude NLC parameters observed by daylight-capable lidar and their relation to ambient parameters", in: *Geophysical Research Letters*, 29.11.2013, doi.org/10.1002/2013GL057955.

Keay, Colin S. L.: "Anomalous Sounds from the Entry of Meteor Fireballs", in: *Science*, 210(4465), S. 11-15, 3.10.1980, www.jstor.org/stable/1684579.

"Is the Earth a cosmic feather-duster?", 18.5.2012, www.leeds.ac.uk/news/article/3221/is-the-earth-a-cosmic-feather-duster.

17 별 먼지 사냥꾼

Genge, Harry: "What Dust From Space Tells Us About Ourselves", in: *Quanta Magazine*, 4.2.2021, www.quantamagazine.org/matt-genge-uses-dust-from-space-to-tell-the-story-of-the-solar-system-20210204/.

Jon Larsen und Kihle, Jan Braly: Atlas of Micrometeorites, Vol. 1., Arthaus DGB/Kunstbokforlaget DEN GYLDNE BANAN (Norwegen), 2020.

"Berlin sammelt kosmischen Staub", Museum für Naturkunde Berlin, 2019, https://www.museumfuernaturkunde.berlin/de/wissenschaft/berlin-sammelt-kosmischen-staub.

Goesmann, Fred: "Organic compounds on comet 67P/Churyumov-Gerasimenko revealed by COSAC mass spectrometry", in: *Science*, 31.7.2015, Bd. 349, Nr. 6247. doi.org/10.1126/science.aab0689.

"CODITA—Cosmic Dust in the Terrestrial Atmosphere", john-plane.leeds.ac.uk/research/middle-upper-atmosphere/codita-cosmic-dust-in-the-terrestrial-atmosphere/.

18 블랙홀: 거대한 먼지 괴물

Markwick-Kemper, F. et al.: "Spitzer Detections of New Dust Components in the Outflow of the Red Rectangle", in: *The Astrophysical Journal*, Band 628, Nr. 2, 15.7.2005, doi.org/10.1086/432833.

19 먼지에서 먼지로

Pierron, Jean-Philippe: "Rites funéraires et poétique des elements: une méta-physique de la pousière?", in: Études sur la mort, 2002/1 Nr. 121, S. 73-83, doi.org/10.3917/eslm.121.0073.

Ford, T. J.: "For a More Sustainable Afterlife, Try Human Composting", in: *Undark*, 18.8.2022, undark.org/2022/08/18/for-a-more-sustainable-afterlife-try-human-composting/?utm_campaign=K_newsletter_2022-08-28&utm_source=email&utm_medium=knowable-newsletter.

Sood, Suemedha: "In The Future, Your Dead Body Will Be Dissolved", www.fastcompany.com/1680586/in-the-future-your-deadbody-will-be-dissolved-unless-its-frozen-and-ground-to-dust.

Bastani, Arian: "Die Geheimnisse des kosmischen Staubes", www.phys.ethz.ch/de/news-und-veranstaltungen/d-phys-news/2022/08/die-geheimnisse-des-kosmischen-staubes.html.

Modern Mummification: www.summum.org.

Bestattungshaus Kracheletz GmbH, Kassel: kracheletz.de.

Eternal Reefs, Inc. Sarasota: www.eternalreefs.com.

먼지 퀴즈

Pullman, Philip: *His Dark Materials*, zitiert nach: Douglas, Kate: "The dust library", 20.12.2011, https://www.newscientist.com/article/mg21228441-400-the-dust-library/.

Hennig, Jean-Luc: *Beauté de la Poussière*, Agora 2018.

Morales-McDevitt et al.: "The Air That We Breathe: Neutral and Volatile PFAS in Indoor Air". In: *Environmental Science & Technology Letters (Environ. Sci. Technol.)*, 2021, 8, 10, S. 897-902, 31.8.2021, doi.org/10.1021/acs.estlett.1c00481.

Tian, Zhenyu et al.: "A ubiquitous tire rubber-derived chemical induces acute mortality in coho salmon", in: *Science*, 3.12.2020, Vol 371, Issue 6525, S. 185-189, doi.org/10.1126/science.abd695.

Henkel, Charlotte et al.: "Polyvinyl Chloride Microplastics Leach Phthalates into the Aquatic Environment over Decades", in: *Environ. Sci. Technol.* 2022, 56, 20, 14507-14516, 26.09.2022, doi.org/10.1021/acs.est.2c05108.

Janser, M. et al.: "Komfort, Gesundheit und Arbeitsleistung in Bürogebäuden—Ergebnisse des Projekts 'Qualität von Nachhaltigen Bürogebäuden'", in: *Illustrierte Zeitschrift für Arbeitssicherheit und Gesundheit.*

Chalker, Bill: *Hair of the Alien: DNA and Other Forensic Evidence of Alien Abductions*, Gallery Books 2005.

Willard, Dirk: "Safety Advice: Get Fired Up About Combustible Dust", 20.6.2022, www.chemicalprocessing.com/articles/2022/safety-advice-get-fired-up-about-combustible-dust/.

Noble, Jonathan: "F1 plans talks with teams over carbon brake dust concerns", 11.7.2022, www.autosport.com/f1/news/f1-plans-talks-with-teams-over-carbon-brake-dust-concerns/10336654/.

Stork, Ralf: "Die EU, die Axt im Wald", 20.09.2022, www.spektrum.de/kolumne/umweltkolumne-wie-zwei-eu-entscheidungen-dem-waldschaden/2059473?utm_medium=newsletter&utm_source=sdw-nl&utm_campaign=sdw-nl-daily&utm_content=kolumne.

Davies, Paul: *Der kosmische Volltreffer. Warum wir hier sind und das Universum wie für uns geschaffen ist*, Campus 2008.

Scheppach, Joseph: "Der alltägliche Stoff steckt voller Rätsel", *P.M.* Nr. 10/1992, S. 92.

Congcong Hu and Greaney, P. Alex: "Role of seta angle and flexibility in the gecko adhesion mechanism", in: *Journal of Applied Physics*, 12.8.2012, 2014 doi.org/10.1063/1.4892628.

찾아보기